谨以此书
纪念中国航天事业创建60周年
纪念钱学森诞辰105周年

数据安全与国家发展

Data Security and National Development

薛惠锋　张　南　康熙曈　著

科学出版社

北京

内 容 简 介

伴随着数据时代的到来，"数据即资产"成为全球的新共识，发展数据成为全球的大趋势，运用数据治理国家、服务社会是全世界的共同目标。作为对客观世界进行量化和记录的结果，数据将每个部门、每个领域、每个产业、每个业务、每个应用以及我们每一个人无边界地联系在一起，使世界各国几乎又回到同一条起跑线，这为中国带来了弯道超车、实现跨越的难得机遇。本书借鉴欧美等发达国家数据发展战略及技术，运用钱学森系统科学思想与方法，对中国数据发展进行全面系统地剖析，构建以数据理论、数据技术、数据工程、数据产业为主线，以数据环境、数据管理为辅线，以数据基础为前提，以数据安全及数据主权为核心的数据发展体系框架，并在每一部分提出了中国数据发展的思路和建议。

本书可供数据研究人员，高校、科研院所计算机科学与技术、电子信息工程、系统工程等专业师生，以及政府和企业管理人员参考。

项目支持：国家自然科学基金重点项目（U1501253）；应用型科技研发专项资金项目（2016B010127005）。

图书在版编目(CIP)数据

数据安全与国家发展 / 薛惠锋，张南，康熙瞳著．—北京：科学出版社，2016.11

ISBN 978-7-03-050376-3

Ⅰ.①数… Ⅱ.①薛… ②张… ③康… Ⅲ.①数据处理–安全技术–研究 Ⅳ.①TP274

中国版本图书馆 CIP 数据核字（2016）第 251175 号

责任编辑：李 敏 李晓娟 / 责任校对：邹慧卿
责任印制：肖 兴 / 封面设计：李姗姗

科 学 出 版 社 出版

北京东黄城根北街 16 号
邮政编码：100717
http://www.sciencep.com

中国科学院印刷厂 印刷
科学出版社发行 各地新华书店经销

*

2016 年 11 月第 一 版 开本：787×1092 1/16
2017 年 2 月第二次印刷 印张：16 3/4 插页：2
字数：350 000

定价：88.00 元
（如有印装质量问题，我社负责调换）

序

　　"大数据"持续引领"大时代"。从古到今,无论是语言的创造、文字的出现、印刷术的发明、无线电的产生,还是电子计算机与互联网的应用,虽然当时没有这样明确提出,但都是数据推动人类文明演进的生动体现。随着信息革命的逐步深入,我们进入大数据时代。虚拟的数据空间已经与现实世界平行存在、精准映射、深度交融,正在引发全社会的生产方式、生活方式、思想文化、社会形态变革。在"一切皆可数据化"的当下,数据作为人类文明演进的载体,正在使人类认识和改造客观世界的方式发生巨变,开启了人类文明的崭新时代。

　　"大数据"强力推进"大变革"。数据已经成为一国的核心战略资源,作为提升国际竞争力、重塑世界新格局的重要因素,推动治理能力、创新动力、产业形态、商业模式的颠覆性变革。世界经济论坛报告曾经预测:"未来大数据将成为新的财富高地,其价值可能会堪比石油。"无处不在、类型多样、广泛关联的大数据,使一切物质皆可用数据量化,一切行为皆可用数据写真,一切关联皆可用数据表征,一切趋势皆可由数据预测,为推动经济转型发展、重塑国家竞争优势、提升政府治理能力提供了新的动力源。2015年8月,中国政府出台了《促进大数据发展行动纲要》,这是顺应大势、积极谋变的战略之举,必将使中国抢占先机,实现"数据大国"向"数据强国"的转变。

　　"大数据"迫切呼唤"大安全"。当前,国际竞争焦点正在从对资本、土地、资源的争夺转向对数据的争夺,数据主权将成为陆权、海权、空权之后又一个国家间博弈的领域。数据安全向各领域国家安全渗透，既可能影响社会安全、经济安全，也可能波及意识形态领域，影响文化安全、政治安全，甚至会改变战争形态、影响军事安全。数据安全常常超出传统的安全范畴，上升到维护国家主权的高度。"发展是安全的基础，安全是发展的条件"，没有数据安全、丧失数据主权，就是把国家命运交到别人手里，大数据产业很可能成为只是看上去很美的空中楼阁、镜花水月，发展越快越危险。因此，必须集中全国力量、突破关键核心技术，培育能与国外"八大金刚（思科、IBM、谷歌、高通、英特尔、苹果、甲骨文、微软）"并驾齐驱的大型企业，让数据基础设施牢牢掌握在自己手中，筑牢数据安全、数据主权的坚固藩篱。

"大数据"价值在于"大智慧"。"数据—知识—智慧"是大数据应用的3个层次。有了数据未必有知识，有了知识未必就有智慧。通过数据的综合集成，实现数据"活化"，可获得具有使用价值的知识；更关键的是对知识进行集大成，上升到智慧层次，用钱学森的话说，就是"站在高处，远眺信息海洋，能观察到洋流的状况，察觉大势，做出预见。"大数据的价值，就在于此。这离不开运用系统工程的基本方法，离不开"人机结合、人网结合、以人为主"的综合集成技术，最终构建高度智能化的人机结合体系。这是钱学森在20世纪80年代就作出的准确预言，正随着大数据的发展，逐步变为现实。

在此背景下，《数据安全与国家发展》一书的出版恰逢其时。该书由中国航天科技集团公司第十二研究院（中国航天系统科学与工程研究院）院长薛惠锋等所著。薛惠锋教授具有在党政机关、科研院所近30年的丰富工作经历，特别是在资源大数据、环境大数据、管理大数据以及"天空地"一体化数据推进等方面，具有运用数据技术解决实际问题的丰富经验，是有关数据政策制定、发展应用的重要见证者、亲历者和实践者。他对数据推进、数据安全、数据主权具有独到的见解，提出了一系列创新性、前瞻性的观点，这些观点也在该书中得到了充分体现，堪称是大数据理论与实践有机结合的思想结晶。

该书从大数据引发产业革命切入，围绕数据基础、理论、技术、工程、产业、管理等全链条，以权威、翔实的数据，分析了中国大数据的技术水平和能力；以生动、丰富的案例，诠释了大数据发展对带动技术进步、催生新兴产业、改善民生质量的作用；最终统一于"没有数据安全，就没有大数据发展"这一核心观念，深入分析了中国数据安全、数据主权面临的严峻挑战，并提出了解决思路和建议。相信该书能够为决策机关评估发展、制定政策提供参考价值，能够为企业重塑发展战略、实现管理创新提供新鲜经验，为我国维护数据安全、掌握数据主权、赢得大国竞争的新优势发挥积极作用。

是为序。

中国工程院院士

张履谦

2016 年 9 月 26 日

前　　言

当前，大数据已成为经济转型、社会变革、文明跃升的重要驱动力量。人们已经认识到，大数据是工业社会的自由资源，谁掌握了数据，谁就掌握了主动权。数据作为信息的载体，正引领技术流、资金流、人才流，日益成为重要生产要素和社会财富。据研究机构预测，2020年全球大数据市场规模将超过5000亿美元。在新一轮科技革命和产业变革孕育兴起的今天，大数据正以不可阻挡之势，激发经济活力、重构社会形态、再造企业范式、创新政府治理，影响着各国的前途命运和世界格局演变。

掌握数据驱动发展的"钥匙"，离不开系统工程方法，关键在于综合集成到"综合提升"的跨越。数据不仅是一国的基础性战略资源，也是重要的生产力。20世纪80年代，钱学森运用系统工程的基本思想，结合信息技术发展趋势，以超越时代的前瞻性，开创了"从定性到定量的综合集成方法"，这是实现数据到决策、数据到生产的关键所在。运用这一方法，将推动机器体系、知识体系、信息体系、专家体系、模型体系及决策支持体系的有机融合，建立一个"人机结合、人网结合、以人为主"的高度智能化的系统，推动多种数据资源集成融合，向更高层次的智慧跃迁，这也是"钱学森智库"框架的核心载体。以此为基础，推动创新系统、生产系统、社会系统等各类复杂系统从"不满意状态"到"满意状态"的综合提升，这是数据驱动发展的"主引擎"。

数据安全是国家安全和主权的"命门"，是国家数据发展迫切需要解决的核心问题。特别是互联网时代，数据跨国境流动给国家安全带来了一定威胁。在数据基础设施方面，中国数据安全面临着一些突出隐患：一是数据通信设施以地面光纤为主，一旦遇到地震、风暴、水灾之类的自然灾害，容易导致失效、瘫痪，甚至"退回原始状态"的灾难性后果。二是数据关键技术、核心产品还做不到自主操控，数据跨境监管制度尚不健全，关键技术和设备由外资或外资控股公司所垄断。以网络交换设备为例，据统计，美国思科公司占据中国金融行业市场份额的 70% 以上，中国四大银行、各城市商业银行的数据中心大都采用思科公司的设备。祸患常积于忽微，中国政府需要高度重视，针对安全防范的薄弱环节，预判可能发生的最坏结果，建设天空地一体的数据基础设施，推进国产自主可控替代计划，加快突破关键核心技术，掌握重要基础设施自主权，从根本上扭转大数据发展"大而无安"的不利局面。

本书正是运用系统思想、辩证思维，从安全和发展两方面研究大数据的专著，并从不同层面系统提出数据主权的内涵，将其置于数据发展的核心位置来考量。本书集成了作者长期以来从事数据研究、政策制定的思考与积淀，以作者承担完成的大量科研课题为基础，对数据产业发展的基础理论、技术工程、产业发展、政策环境进行了全景式的梳理，并以数据安全为重中之重，明确提出了国家数据主权就是"国家对本国管辖地域范围内，任何个人和组织所收集或产生的数据，以及这些数据存储、处理、传输、利用的运营主体、设施设备等进行独立管辖，并采取措施使其免受他国侵害的权力"，分析了中国数据安全和主权所面临的威胁与挑战，提出了对策建议。撰写中，坚持了 3 条原则：风格上，注重权威性、通俗性、生动性相结合；论述上，注重定量分析、定性判断相结合；选材上，注重案例和观点相结合，力争做到层层递进、环环相扣、论证严谨。

"得数据者得天下"的豪言壮语，表达的是人类对科技革命和产业变革的期待，也激励着作者顺应时代大势、勇于发出时代先声。衷心希望本书的出版，能够为大数据的发展与应用提供决策参考，为保障数据安全、维护数据主权，发挥谋划发展、评估发展、预测发展的作用。撰稿过程中，作者受到了来自各领域专家、学者的指导，在此谨表感激之情。由于时间仓促，一定还有不少需要改进之处，诚请方家不吝指正，以使本书日臻完善。

作　者

2016 年 10 月

目　　录

第1章
产　业　革　命

　　纵观人类社会发展所经历的工业化革命、电气化革命、信息化革命，以及即将爆发的智能化革命，每一次科技变革都给人类生产生活带来巨大的变化，使经济、社会等各个方面呈现出崭新的面貌，这就是产业革命的深刻影响。互联网作为产业革命的重要产物，已经成为经济社会发展的重要推动力量，从人与信息互联、人与人互联、人与物互联、物与物互联、业与业互联到整个网络空间的互联互通，互联网革命将推动人类社会走向共享共治的网络空间命运共同体。数据是信息化革命和互联网革命的产物，同时，又是实现智能化及全球共享共治的基础和命脉，数据将引发新产业革命，颠覆性地重塑世界新格局、国家治理新架构、资源配置新模式及国际安全新态势。

1.1　发　展　历　程

　　产业革命又称为工业革命，是指由于科学技术的重大突破，推动国民经济产业结构产生重大变化，进而使经济、社会等社会发展的各个方面呈现新的面貌。本节将阐述产业革命发展的历史进程及各个阶段产生的深远影响。

1.1.1 工业化革命

第一次工业革命以蒸汽机的使用为标志，又称为工业化革命。它起源于英国，使人类从体力劳动中解放出来，对全世界产生了最为深刻和长远的影响，使社会化大生产成为可能。18 世纪以前，全球都处于农耕社会，生产动力主要为人力、畜力、风力或水力，生产方式基本为手工作业或借助手动工具。1769 年，英国人瓦特对蒸汽机进行改良，手工劳动终于向机器生产转变，如图 1-1 所示。机器生产的最大特征是生产效率大幅提高，工业革命打开了世界市场，使世界连成了一个整体，促进世界各国各地区的经济、政治、文化交流。根据经济合作与发展组织（Organization for Economic Co-operation and Development，OECD）在 2006 年出版的 *The World Economy* 一书中的数据，全球 GDP 在 1700 ~ 1820 年增长了 87%，年均复合增长 0.52%；而在 1600 ~ 1700 年全球 GDP 仅增长了 12.7%，年均复合增长仅 0.12%[①]。

图 1-1 工业化时代

---

① 百度文库．2013-08．2013 年信息服务智能化行业分析报告．http：//wenku. baidu. com/link？url = 4-KB60IPLRnmhHDZdZnZbizJ1 a4POJHnFwK4- GivNlc0WzBK- 9333b- qXJVvy1KNzFdSehsorkr- QJp0p- LsWlRHB5euCi82 sglVT10RrdO ［2014-01-05］.

工业化革命产生了极大的社会影响。随着资产阶级力量的日益壮大，他们希望进一步加强自身的经济和政治地位，由此巩固了资本主义各国的统治地位，更重要的是提高了生产力。工业化革命要求进一步解除封建压迫，实行自由经营、自由竞争和自由贸易。资产阶级通过革命和改革，逐渐通过第一次工业革命巩固自己的统治。工业化革命引起了社会的重大变革，使社会日益分裂成为两大对抗阶级，即资产阶级和无产阶级。无产阶级辛勤劳动，直接创造财富，却相对日益贫困，他们为改善自己的处境，同时在和资产阶级进行斗争，致使工人运动兴起。工业化革命还促进了近代城市化的兴起。

1.1.2　电气化革命

第二次工业革命以电力的广泛应用为特征，又称电气化革命。1831年，英国人法拉第发现电磁感应现象；1866年，德国人西门子发明发电机；1870年，比利时人格拉姆发明电动机。电动机的发明实现电能向机械能的转换，电车开始出现。如果说蒸汽革命使人们从繁重的体力劳动解放，电气化革命则更进一步让人们可以从大部分体力劳动中解放，并且实现能量的远距离传输，生产效率进一步提高。第二次工业革命使人类进入电气化时代，如图 1-2 所示，极大地推动了社会生产力的发展，对人类社会的经济、政治、文化、军事以及科技和生产力产生了深远的影响。根据上述 OECD 数据，全球 GDP 在 1870～1913 年不到 50 年的时间里便实现了145.6% 的增长，年均复合增长达到 2.11%[①]。第二次工业革命进一步增强了人们的生产能力，交通更加便利快捷，改变了人们的生活方式，扩大了人们的活动范围，加强了人与人之间的交流。第二次工业革命也是让人类从体力劳动中解放。

---

① 孙柏林．2013-01-29．"第三次工业革命"十问．http：//www.guba.com.cn/news，002230，87900266. html［2014-01-05］.

图 1-2　电气化时代

电气化革命促进了生产力飞跃发展，使社会面貌发生翻天覆地的变化，形成西方先进、东方落后的局面，资本主义逐步确立起对世界的统治。电气化革命使得资本主义经济、文化、政治、军事等各个方面发展不平衡，帝国主义争夺市场经济和争夺世界霸权的斗争更加激烈，促进了世界殖民体系的形成，使得资本主义世界体系的最终确立，世界逐渐成为一个整体。进一步增强了人们的生产能力，交通更加便利快捷，改变了人们的生活方式，扩大了人们的活动范围，加强了人与人之间的交流。

1.1.3　信息化革命

第三次工业革命始于第二次世界大战结束后，以信息技术为显著特点，使脑力劳动得到初步解放，在 20 世纪 50 年代中期至 70 年代初期达到高潮，又称信息化革命。信息技术应用范围越来越广，计算速度越来越快，完成了人脑无法完成的大规模复杂计算、大量数据存储以及信息的快速传播。同时，信息技术使空间技术、核能技术和生物技术的快速发展成为可能。信息化革命使规则化的计算借助计算机快速完成，科技人员从繁复的脑力劳动得到初步解放，将更多的精力投入到创造性工作当中，新兴技术转化为产品的周期越来越短。蒸汽机从研制到 18 世纪定型投产用了84 年，电动机用了 65 年，而信息化革命时期原子能从开发到应用仅用了6 年，晶体管技术仅用了 4 年。从经济角度来看，信息革命的最直接结果是生产效率的再次大幅提升。1950 年，全球 GDP 总量为 5.3 万亿美元，在 1970 达到了 13.8 万亿美元，年均复合增长率达到了 4.9%，其中在 1960～1970 年年均增长率高达 5.03%（杰里米·里夫金，2012）。

信息化革命通过生产技术的不断进步，劳动者素质和技能的不断提高，劳动手段的不断改进，大大地提高了劳动生产率，促进了社会经济结构和社会生活结构的重大变化，使人类进入信息化时代，如图 1-3 所示。第三次科技革命造成第一产业、第二产业在国民经济中的比重下降，使得第三产业的比重上升，人类的衣、食、住、行、用等日常生活的各个方面也发生了重大的变革。

图 1-3　信息化时代

信息化革命对国际关系产生了深刻的影响。它一方面加剧了资本主义各国发展的不平衡，使资本主义各国的国际地位发生了新变化；另一方面使社会主义国家在与西方资本主义国家抗衡的斗争中具有强大的动力。同时，信息化革命扩大了世界范围的贫富差距，促进了世界范围内社会生产关系的变化。

同前两次技术革命相比，第三次科技革命有以下特点：首先，科学技术在推动生产力的发展方面起着越来越重要的作用，科学技术转化为直接生产力的速度加快。其次，科学与技术密切结合，相互促进。随着科学实验手段的不断进步，科研探索的领域也在不断开阔。最后，科学技术各个领域之间相互联系加强，在现代科技发展的情况下，出现了如下趋势：学科越来越多，分工越来越细，研究越来越深入化。同时，学科之间的联系越来越密切，相互渗透的程度越来越深，科学研究朝着综合性方向发展。

1.2 走向智能

1.2.1 智能化革命

在新一代信息技术推动下，以工业 4.0、工业互联网等创新风潮为代表，德国、美国等全球制造强国，纷纷掀起以智能化为特征的新一轮产业革命。2006 年，次贷危机在美国爆发，随后演变为金融危机和 2008 年全球性的经济危机，导致美国金融业和信息技术两大驱动性产业受到重创。为了带动经济的持续发展，2009 年美国政府提出了投资、税收和外贸向制造业倾斜的"再工业化战略"，意在重振制造业。作为全球制造业最强大的国家，德国当然不甘心自己的传统优势产业受到挑战，德国选择互联网和先进的制造业的最佳结合。于是，德国版的工业 4.0 就此应运而生（乌尔里希·森德勒，2014）。实际上，工业 4.0 这一概念源于 2011 年德国汉诺威工业博览会，它的灵魂是将互联网作为工具，服务于德国强大的制造业。通过"智能工厂、智能生产和智能物流"，把制造业进行跳跃式的升级，实现个性化生产和高效的批量生产，让消费者与制造者实现无缝链接，最终带领人类进入智能化时代，如图 1-4 所示。

图 1-4　智能化时代

智能化革命，即第四次工业革命已经开启，世界各国掀起工业 4.0 竞争热潮。德国工业 4.0 概念的提出迅速引起各国政府的高度重视，它带来的是第四次工业革命。美国政府于 2012 年修正战略，正式发布了《先进制造业国家战略计划》，从此踏上了新一轮工业革命的道路。其他国家也纷纷跟进，提出了具有各自特点的"工业 4.0"计划，如日本的"科技工业联盟"、英国的"工业 2050 战略"及中国的"中国制造 2025 战略"。中国以《中国制造 2025》的启动实施为标志，特别是 2015 年的两会制定了"互联网+"行动计划及智慧城市建设的进一步推进，中国产业、经济也开始了智能化转型的新征程。

第四次工业革命，是以互联网产业化、工业智能化、工业一体化为代表、以人工智能、清洁能源、无人控制技术、量子信息技术、虚拟现实技术为主的全新技术革命。智能化革命将朝着应用无线化、信息数据化、数据行业化、园区智能化、交易无纸化、决策实时化、线下线上化的方向发展，产生重大的社会影响与变革，推动社会的快速发展与进步。

1.2.2　钱学森产业革命

被誉为"中国航天之父"、"中国导弹之父"、"中国自动化控制之父"和"火箭之王"的世界著名科学家、空气动力学家钱学森在 1984 年中国农业科学院第二届学术委员会上作了《第六次产业革命与农业科学技术》的报告，他说："如果下一个定义的话，产业革命就是经济的社会形态的飞跃，它是社会形态，是经济方面的社会形态的飞跃。"在此次报告会上，钱学森对第一次产业革命到第六次产业革命进行了理论界定，具体界定范畴如下：

"第一次产业革命是农业、牧业的出现。在 1 万年以前的原始公社时期，人从完全依靠采集和猎取自然界的野生果实和动物产品而生活的生产体系，转入了发展农业和牧业。人开始不完全依靠自然，有了一点主动权，靠自己的劳动来控制生产，由此生产体系形成了飞跃。"

"第二次产业革命是商品生产的出现。大约在 3000 年前，也就是中国的奴隶社会里，从完全为自给消费的生产，开始为交换而生产，就是商品生产，这对生产关系是一个很大的发展。"

"第三次产业革命是大工厂的出现，发生在18世纪末的英国，是在英国的资产阶级夺取了政权以后，才出现产业革命的，是社会革命促使了产业革命的出现。"

"第四次产业革命就是更大规模的、全国性的以至于跨国的、全世界性的生产体系的建立，这在19世纪末、20世纪初。没有这一次，不可能想象现在发达国家有这样的一个生产体系。新中国成立后，工业生产有了很大的发展。但是这些工业是小而全、大而全，就是一个工厂无所不包。这种生产方式实际上是陈旧的，是第三次产业革命的方式，而不是第四次产业革命的方式。在国外，没有搞小而全的，都是社会化的协作生产。我认为现在城市改革是补第四次产业革命的课，我们落后得很厉害。第四次产业革命带来的变化也是很大的，列宁从政治的侧面总结了这个变化，就是那本名著《帝国主义是资本主义的最高阶段》。资本主义从自由资本主义发展到垄断资本主义的时候，它的生产体系、组织结构和经济结构也经历了一次飞跃，就是第四次产业革命。"

"第五次产业革命的核心就是信息问题，这里要抓的问题很多，要赶上去。所谓电子计算机以至于我呼吁的第五代智能计算机，是有智能的能力，这些都是由于信息的重要性所提出来的一系列问题，将会有一个翻天覆地的变化。尤其是对我们国家来讲，即将来临的第五次产业革命对我们的冲击是很大的。"

"第六次产业革命就是建立农业型的知识密集产业。知识密集型产业，是把所有的科学技术都用在生产上，靠高度的科学技术的生产。农业型的产业是指像传统农业一样，以太阳光为直接能源，靠地面上或海洋里的植物的光合作用为基础，来进行产品生产的生产体系。"图1-5为钱学森第六次产业革命思想专著。

约时隔10年之后，钱学森提出了第七次产业革命。他指出"由于人体科学概念的建立，把人体作为一个对环境开放的复杂巨系统，那我们就可以用系统学的理论，把中医、西医、民族医学、中西医结合、民间偏

图 1-5 钱学森第六次产业革命思想专著

方、电子治疗仪等几千年人民治病防病的实践经验总结出一套科学的、全面的医学——治病的单一医学、防病的第二医学、补残缺的第三医学和提高功能的第四医学。这样就可以大大提高人民体质，真正科学而系统地搞人民体质建设了。人改造了，这将随着人体功能的提高而带来又一次产业革命——第七次产业革命"。

第六、七产业革命是钱学森运用辩证唯物主义与历史唯物主义理论指导，全面考察世界社会经济历史发展基础，审时度势，做出的科学预测。这两次产业革命是钱学森预见 21 世纪将出现的两次新产业革命，他还指出"系统工程在组织管理技术和方法上的革命作用，也属于技术革命"，并预见 21 世纪由于系统科学的发展将引起组织管理的革命。完整的产业革命学说是钱学森依据人类发展历史，与中国社会主义社会建设实践需要，做出的理论创造，是马克思主义社会发展理论在当代中国的继承与发展。

第2章
数 据 革 命

　　纵观人类经历的工业化革命、电气化革命及信息化革命，每一次产业技术革命，都给人类生产生活带来巨大而深刻的影响。互联网是产业革命的重要产物，经过 40 年的蓬勃发展，互联网目前已经进入高速发展期，引起社会形态、社会结构、消费习惯等各个方面的深刻变革，悄然无息地改变着人们的思维方式、生活方式和价值观念。互联网让世界变成了"鸡犬之声相闻"的地球村，相隔万里的人们不再"老死不相往来"①。世界因为有了互联网而更多彩，生活因为有了互联网而更丰富。目前，随着互联网的不断发展，互联网时代已经逐步进入数据时代，城市数据、企业数据、医疗数据、网站数据等，已经成为虚拟与现实生活的重要组成部分，一场前所未有的数据革命正在到来。

2.1　互联网革命

　　互联网发展至今，主要分为四大阶段：一是人与信息互联阶段；二是人与人、人与物互联阶段；三是人人、物物、业业互联阶段；四是网络空

---

① 新华网. 2015-12-16. 习近平在第二届世界互联网大会开幕式上的讲话（全文）. http：//news. xinhuanet. com/politics/2015-12/16/c_ 1117481089. htm［2015-12-17］.

间互联互通①。

2.1.1　人与信息互联

人与信息互联是互联网发展第一阶段的主要特征，传统网络网站当道，这个阶段持续了十几年。在第一个阶段中，各种传统的互联网网站（以雅虎、谷歌、百度、新浪等为主要代表），如图 2-1 所示，以"内容为主、服务为辅"为主要形态。其内容提供方式，则主要是信息块，有部分信息流，它的特点是通过静态网站实现内容的展示。这个阶段的内容发现机制是通过搜索引擎做内容聚合来实现，用户通过搜索引擎寻找内容，使得搜索引擎成为事实上的互联网入口，并成为用户与内容的中间商。

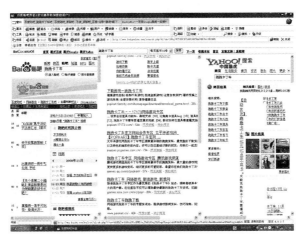

图 2-1　传统的互联网网站

这个阶段的互联网缺陷相当明显。一是用户分散，没法聚焦，账号体系的缺失，也导致内容作者与用户没法互动，因此不能提供持续服务。二是用户与网站各自独立于分裂。无论是内容找用户，还是用户找内容，都非常困难，这导致信息的流通成本很高。三是消息流的缺失，导致部分服务需要跳转到沟通工具邮件、QQ 等，增加了用户与内容提供方的沟通成

① Abulechild. 2015-04-26. 互联网发展的四个阶段. http://www.jianshu.com/p/b0f7e833aecd［2015-12-10］.

本。四是因为这个阶段互联网的核心是基于域名，用户使用成本非常高。

2.1.2 人与人、人与物互联

人与人的互联、人与物（主要是商品）的互联是互联网发展第二阶段的主要特征。在第二个发展阶段，也就是 Web2.0 时代，各种互联网网站与内容流型社交网络（以脸谱、推特、腾讯、亚马逊、阿里巴巴、京东公司为主要代表）并存，如图 2-2 所示。这个阶段的互联网形态由内容为主，服务为辅逐渐向内容与服务并重方向发展。而其内容与服务提供方式则主要是提供多种信息块与信息流。其中信息流以内容流为主，消息流为辅。这个阶段的内容发现机制是内容与服务通过社交网络的统一账号直面用户，而搜索引擎不再是唯一信息获取的渠道。

图 2-2 多种主流社交平台

这个阶段互联网发展出现了一些改进：一是通过信息流来提供服务与部分动态内容，取代之前的通过静态网站呈现内容的方式，以电子商务为主要代表，实现以商品交换为中心的商务活动；二是依托于社交网络的初步发展，用户成为互联网的中心。这也体现了"以用户为中心"的企业一般性策略；三是同样因为社交网络的发展与聚合作用，使用户聚焦。而统一的账号体系，则为用户与内容提供商提供了持续互动的可能，从而也促进了内容提供方为用户提供更加长久的内容展示与服务的能力。四是动态内容的主动推送，使内容方不会被遗忘，从而避免边缘化。而这种主动推送，也节省了用户的寻找内容时间，符合人性的懒惰。所以很多网站的流量开始大量来自于微博等的导流，而传统的搜索引擎的价值则被弱化。

但这个阶段的互联网，仍然有很多缺陷：一是信息块的缺失，导致欲展示其他信息时，仍然要跳转到其他网站。二是消息流的弱化，使得交互不足，导致服务倾向于工具，而不是沟通。不过在国内，依托于在线即时通信工具 QQ 的发达，减少了因不足导致的信息沟通成本。三是这个阶段出现才七八年，而快速发展也就最近三四年，新的工具崛起，改变了用户习惯。传统社交网络面临着用户从内容流型社交网络向消息流型社交网络迁移的问题。四是这个阶段的互联网，移动属性较弱，不如移动 APP 随时随地的价值。

2.1.3　人人、物物、业业互联

人人、物物、业业互联是互联网发展的三个阶段。随着移动互联网的快速发展，移动 APP 与消息流型社交网络并存，这个阶段的主要内容形式是服务为主，内容为辅。而且内容提供方式则主要是信息流，其中以消息流为主，而以内容流为辅。这个阶段的内容发现机制是借助于各种 APP 或微信这类工具，用户直面服务。换句话说，APP 或微信成为内容中心，而再无需通过搜索引擎或内容流型社交网络这两类中介。

互联网现在已经进入新的阶段，即人人互联网、物物互联网、业业互联网。人人互联网，指的是越来越多的人用各种设备，包括手机、电脑等，在任何地方接入互联网获取服务。以互联网金融为例，货币很容易被数字化，消费者可以通过互联网享受服务。物物互联网，即物联网，指的是越来越多的设备变得更智能，但连接网络并非最终目的，最终目的是获得更高的效率。业业互联网，指的是行业与行业的互联，互联网与各行各业相结合，如智能制造业、工业 4.0 都与此相关。例如，滴滴打车就是传统和互联网典型结合诞生的新兴的出租车行业。

　　未来 20 年，全球 50 亿人将实现联网，"人人有终端、处处可上网、时时在链接"，如图 2-3 所示，这将使全球数据量呈几何式快速增长。预计到 2020 年，全球数据使用量将达到约 40ZB（1ZB = 10 亿 TB），将涵盖经济社会发展各个领域，成为新的重要驱动力[①]。从联系平台到浏览平台，到交互平台，到工作平台，互联网始终在不断发展中前行。随着互联网的不断发展，社会逐步进入数据时代。

图 2-3　人人、处处、时时链接

2.1.4　网络空间互联互通

　　刚刚结束的第二届世界互联网大会主题为"互联互通、共享共治——构建网络空间命运共同体"，习近平总书记作了以推动互联网空间互联互通、共享共治，以互联网治理推动全球治理为核心的报告。网络空

　　[①] 张茉楠. 2015-11-11. 大数据战略推动国家全面转型 . http://www. chinatimes. cc/article/51512. html ［2015-12-01］.

间的概念最早出现在 20 世纪 80 年代初，作家威廉·吉布森创造了"网络空间"这个术语，如图 2-4 所示，用它来描述包含大量可带来财富和权力信息的虚拟计算机网络，将客观世界和数字世界交融在一起，让使用它的人感知一个由计算机产生的虚拟世界，并且这个充满情感的虚拟数字世界影响着人类现实的物质世界。他认为网络空间是伴随着信息科技发展而出现的一个全新的虚拟空间，这个空间覆盖整个地球的全部人、物、资金、信息，包含政府、国际组织、互联网企业、技术社群、民间机构、公民个人等各个主体，是由客观存在的卫星、计算机、手机等信息设施、信息传输系统和数字信息内容之间连接交互而形成的智能虚拟空间。

图 2-4　网络空间

网络空间是人类共同的活动空间，是人类的共同家园。随着世界多极化、经济全球化、文化多样化、社会信息化的深入发展，互联网对人类文明进步将发挥更大促进作用，将引领社会生产新变革，创造人类生活新空间，拓展国家治理新领域，极大地提高人类认识世界、改造世界的能力。网络空间互联互通、共享共治，将开创人类发展更加美好的未来。

但是，互联网领域存在发展不平衡、规则不健全、秩序不合理等日益凸显的问题。不同国家、地区信息鸿沟不断拉大，现有网络空间治理规则难以代表大多数国家意愿和利益；世界范围内侵害个人隐私、侵犯知识产权、网络犯罪等时有发生，网络监听、网络攻击、网络恐怖主义活动等成为全球公害。面对这些问题和挑战，国际社会应该在相互尊重、相互信任的基础上，加强对话合作，推动互联网全球治理体系变革，共同构建和平、安全、开放、合作的网络空间，建立多边、民主、透明的全球互联网治理体系。

2.2 数据发展历程

数据是互联网化的重要产物，数据革命的概念源于大数据技术。近半个多世纪以来，以集成电路、计算机、互联网、光纤通信、移动通信的相继发明和应用为代表，信息技术的发展深刻影响了人们的工作和生活，催生了越来越多的数据信息[①]。目前，数以十亿计的人们使用电脑、手机、导航仪和医疗设备，产生了大量数据。挖掘这些数据将对各种产业产生巨大影响。特别是以移动互联网、物联网、大数据、云计算为代表的新一轮的信息化浪潮，推动着信息化与工业化深度融合，拉开了数据革命的序幕。

目前人类所认知的物质世界、行为及生活需要，都将被数据化的描述，无论是智能化革命，还是实现全球互联互通、共享共治的互联网革命，以数据为重要驱动力的数据革命是历史的必然。谁能抢占数据革命的先机，谁就有望占据新一轮科技和产业革命的制高点。

本节将数据发展分为数字革命和数据革命两个重要阶段。数字革命侧重于生产工具变革，数据革命侧重于原材料的变革。在数据革命时代，人们将以各种数据为工作对象，将数据与传统产业结合起来，达到节约生产成本、提高工作效率、创造新需求和新经济增长点等目的。

2.2.1 数字革命

数字革命是指将计算机所产生和处理的电子信号，用 1 或 0 转换以后

---

① 科技日报. 2015-05-18. 世界电信日看"数据革命". http://www.kaixian.tv/gd/2015/0518/885249.html［2015-12-10］.

可以变成图像、文字、声音、数据等加以处理①，这种数字处理方式的变革称为数字革命。数字革命的动力源自个人电脑和互联网两项伟大的创造，数字革命的标志就是电脑的发明和数字化时代的到来，如图 2-5 所示。

图 2-5　数字化时代

数字化就是将许多复杂多变的信息转变为可以度量的数字、数据，再以这些数字、数据建立起适当的数字化模型，把它们转变为一系列二进制代码，引入计算机内部，进行统一处理，这就是数字化的基本过程。数字化将任何连续变化的输入线条或声音信号转化为一串分离的单元，在计算机中用 0 和 1 表示。通常用模数转换器执行这个转换。数字化时代是一个伟大的时代，尤其是在我们的传媒领域通过计算机存储、处理和传播的信息得到了最大速度的推广和传播，数字技术已经成为了当代各类传媒的核心技术和普遍技术。数字技术的核心是集成电路、计算机及软件、网络的不断发展和更新。

自 1959 年集成电路发明以来，几乎每 18 个月集成电路上的晶体管数就能加倍，这一发展速度被称为摩尔定律。2011 年一个 CPU 芯片上的晶体管数已多达 20 亿个，与 1982 年相比，CPU 性能提高一万倍，内存价格下降 4.5 万倍，硬盘价格下降 360 万倍。目前商用芯片的线宽最好水平国

---

① 百度文库. 2014-03-10. 计算机文化. http://wenku. baidu. com/link？url＝wPvHeEKuxHiELyzW5LuWE 3H6ofax85Y7T8vFpM6E4rnyyblyHoWMy8i2FSep_ edyKYFCipkdz1bWgoZs2o7tXUk9mu_ Hz_ xUtvYHUj2QkGW ［2015－12－10］.

外是 14nm，我国是 28nm，还相差两代。线宽每缩窄 0.7 倍，集成电路代工线的投资要增加 1.5 倍，22nm 或 20nm 生产线的投资就高达上百亿美元的规模，这既是技术密集也是资金密集的产业。随着半导体技术逐渐逼近硅工艺尺寸极限，集成电路进入"后摩尔时代"，期待在材料和工艺上有革命性的突破才能继续保持以往的发展速度。

计算机是 20 世纪的重大发明。电子数字计算机发明于 1946 年，第一台占地 170m^2，其计算能力仅相当于现在的计算器（每秒执行 5000 条命令）。直到集成电路出现后，计算机性能和成本才开始达到规模应用的需要。1980 年个人计算机出现开创了计算机大众化时代，从笔记本电脑到平板电脑向着轻薄化和可携带性演进，2010 年 400 美元的 iPhone 4 手机的性能已全面超越美国国防部（DOD）1975 年价值 500 万美元的超级计算机 Cray-1，iPad 2 则超过了 1985 年的超级计算机 Cray-2。TOP500 的超级计算机平均性能约 10 年提高了 1000 倍，现在中国的天河 2 号超级计算机的能力是 Cray-1 的 4 亿倍，其实际峰值（每秒 33.86 千万亿次）成为目前全球最快的计算机，它使用了 38.4 万个 CPU 核，但大量的芯片还来自英特尔公司。一些复杂的科学或工程问题需要调用不止一个超级计算机，多个超级计算机可以是几何分布的，甚至不属于同一单位，这种情况称为网格计算，再进一步发展则是公用计算，计算任务的提出和使用者无需关心计算资源的归属和位置，只是按需使用和付费即可，这一概念的延伸和商业化催生了云计算。

软件伴随着计算机而发展。软件的运行环境从单机发展为网络，用户数量和复杂度剧增。早期的阿波罗登月飞行器软件仅有 4000 行代码，现在波音飞机的飞行管理软件达到 100 万行代码，空客机舱通信和控制软件有 500 万行代码，雪佛兰、奔驰新车的软件规模也超过 1000 万行，Windows 操作系统超过 3000 万行代码，智能手机的 Android 操作系统也有上百万行代码。为应对软件的复杂性和可信性，提高编程质量，软件从面向对象设计发展到面向认证设计，同时软件加速向开源化、网络化、服务化和语义化方向发展。

广播电视的数字化。首先体现在基于光纤或同轴电缆上的有线电视，随后地面无线广播电视也开始数字化进程，目前发达国家基本完成了广播电视的模数转换。数字化后可以采用高效的压缩编码，原来传送一个模拟电视节目的频带现可传送至少 6 套标清数字电视节目，频谱利用率大大提升。电视传输技术的数字化以及双向化为三网融合创造了条件，内嵌操作系统智能电视的出现，提供了电视、电脑和手机之间的三屏互动便利。基于集成电路工艺制造的平板电视显示屏迅速取代原来的阴极射线管，实现了电视机的换代。

光纤的发明为通信作出历史性贡献。1966 年美籍华人高琨先生理论上证明了光纤的传输能力，20 世纪 70 年代后期光纤通信进入商用，实际传输能力几乎按照 10 年千倍的速度在提升。采用数字时分复用技术，光纤单波长商用可传送的最高速率目前为 100Gbps，在此基础上再利用波分复用技术，可同时传送 160 个波长，单纤的传输容量达到 16Tbps，等效 2 亿条电话信道。光纤不仅在干线网也在接入网广泛使用，百兆到户在技术上已不是问题。目前中国的光纤光缆产能和市场规模均占全球的一半，成本也迅速下降，单根裸纤每千米报价低到 53 元，有力地推动了宽带化的发展。

蜂窝通信技术的发明开启了无线技术应用到公众移动通信领域的时代。移动通信从 20 世纪 80 年代的第一代移动通信（1G）到中国的 4G，业务能力从话音到数据再到多媒体、从窄带到宽带、从慢速移动到高速移动，体制上从模拟到数字、从电路交换到 IP 交换，复用方式从频域到时域以及多种复用技术的结合。移动通信的发展历程几乎 10 年一代，峰值速率每 10 年提高近千倍，主要是利用了更宽的频带，同时频谱利用率也不断提高。值得提出的是，从 3G 开始，中国有自主知识产权的 TD-SCDMA 取得了与欧美主导的国际标准同等地位，它将时分复用技术与码分多址（CDMA）技术结合，还采用了与欧美主导的频分双工（FDD，以频段来区分上下行）不同的模式，我国提出以时分双工（TDD）方式在同一频段但不同的时隙分开来与去两方向的通信，适于互联网通常的上下行不对称的应用。4G 也分为 FDD 与 TDD 两大系列，由中国主导的 TD-LTE 成为 4G 两大国际标准之一。4G 峰值速率在高速运动状态达到

100Mbps，在低速移动状态可达1Gbps。从今年起国际电信联盟（ITU）开始启动第五代移动通信（5G）的标准研究，5G目标是峰值速率在高速运动时为10Gbps，低速运动时为50Gbps，频谱效率较4G要提高10倍，5G将使移动互联网的用户上网更快体验更好，还拓展了移动通信在行业应用的空间。

互联网的发明和应用标志着人类进入信息社会。1969年发明的互联网在开始时仅仅是一个收发邮件的联系平台，自1990年WWW发明后互联网成为浏览和下载文件的平台，互联网也因其方便性而迅速普及，近10年来IP电话、博客、微博等应用相继出现，互联网成为交互平台。目前全球互联网普及率达到39%，中国为44%，发达国家为70%。互联网的发展超越了设计的初衷，原来只考虑传输固网非实时的数据，现在需要支持固网或移动终端的话音和视频，互联网的发展面临可扩展性、可管理性、移动性、泛在性和安全性等挑战。首先要解决互联网地址不足问题，美国平均每个网民有5个以上的IPv4地址，而中国平均每个网民仅有0.5个IPv4地址，现在IPv4地址已分配殆尽，转向地址数量足够多的IPv6地址是必然的选择。不过仅有IPv6还不能解决互联网的问题，不少国家已经开展了以宽带、移动、泛在、安全为目标的下一代互联网的研究和试验，并且提出了一些技术方案，可分为演进型与革命型两条路线，前者基于IPv6开展创新研究，后者希望在一张白纸上重新设计互联网。在中国下一代互联网示范工程（CNGI）项目支持下，中国建成了全球最大规模的IPv6网络，在下一代互联网的国际标准上开始有了话语权[①]。

移动互联网的出现标志着互联网发展进入新阶段。移动智能终端个性化和随时随地的应用及多功能适应了现代社会的快节奏和利用碎片化时间的需要。目前面向移动智能终端开发的应用上百万种，移动互联网有桌面互联网所没有的应用类型。例如，基于个性化的社交类应用（如微博和微信）和移动支付、基于移动性的位置服务、适于移动性与小屏幕的智能人机接口和三屏互动等。中国有全球最多的移动互联网用户，按目前的

---

① 邬贺铨. 2013-11-12. 现代信息科技的发展与产业变革. http://www.hpc.gov.cn/npc/xinwen/2013-11/12/antent_ 1813242. htm［2013-12-01］.

增长速度，可以预见一两年后将超过桌面互联网的用户数，但最大的软肋是无论 PC、平板电脑和智能手机的操作系统均被国外产品一统天下。

2.2.2　数据革命

数据是互联网发展的产物，特别是随着物联网技术的逐步发展与应用，大量传感器、RFID 被广泛应用到生活中的各种物品当中，这给现实世界带来的最大变化，就是使万物皆可数据化，人们认识到世界的本质就是数据，而数据也将逐渐彻底地改变世界，如图 2-6 所示。

图 2-6　数据改变世界

物联网（internet of things，IOT）的词汇最早出现在 20 世纪 80 年代，认为每个物体均应有标志以便于管理，到 90 年代认为可将物体联网，近几年进一步挖掘物体联网的价值是感知环境并支持分析决策。物联网的体系由 3 层组成，感知层利用感知单元（射频标签 RFID、条码和传感器）获取物体或人或环境的信息，网络层利用通信网络汇集这些信息，应用层进行信息处理和数据挖掘，提供智能决策[①]。例如，利用通信网将遍布城市马路上的交通视频摄像头的信息汇集到交通监控中心。物联网通常架构

---

①邬贺铨. 2013-11-12. 现代信息科技的发展与产业变革. http://www.npc.gov.cn/npc/xinwen/2013-11/12/content_ 1813242. htm ［2013-12-01］.

在互联网上作为面向特定任务所组织的专用网络（VPN）而出现，但互联网是全球性的而物联网是行业性和区域性的，与其说物联网是网络不如说是互联网应用的拓展。

"智慧地球"、"感知中国"和"智慧城市"等概念随着物联网的应用而出现。无线城市、数字城市、宽带城市、感知城市是智慧城市的必要条件；智能制造、智能农业、智能电网、智能交通、智能建筑、智能安防、智慧物流、智慧环保、智慧医疗等是智慧城市的重要体现；创新城市、绿色城市、宜居城市、平安城市、健康城市、幸福城市、人文城市等是智慧城市应有之意。以智能交通为例，北京每天使用公交一卡通出行的刷卡逾4000万人次，地铁1000万人次，收集和分析这些数据可了解客流去向，据此可优化公交路线的设计。利用马路上的埋地线圈和路口的摄像头，甚至利用驾车人和乘车人的手机位置信息，可以判断车流量和实际通行速度，及时疏导交通的拥堵。需要指出的是，信息基础设施等技术仅仅是手段，城市各主管部门的协调和管理体制的改革及市民参与才是智慧城市的根本。中国的物联网和智慧城市的热度堪称全球之冠，但不少地方重感知轻分析、重建设轻管理，核心产品自主可控的比例不高。

物联网产生大数据，一个8Mbps的摄像头每小时产生3.6GB（GB即千兆字节）的数据，一个有数十万个摄像头的城市一个月收集的监控视频数据量高达数百PB（PB等于10亿兆字节）。医疗业产生大数据，一个三甲医院存储的数据几乎每5年增加一个数量级，预计2015年可达1PB。网络更是大数据之源，淘宝网每天交易的数据量超过50TB（TB即百万兆字节），百度每天处理60亿次搜索请求约几十PB的数据，腾讯每天上千亿次服务调用。全球新产生的数据年增40%，全球信息总量每两年就可以翻番。2011年全球新产生的数据量达到1.8ZB（ZB即千万亿兆字节），如果用一个内存为32GB的苹果公司iPod播放器来存的话，数量需要575亿个，足够可以用来砌起两座中国的长城，由此可见，数据时代已经到来，一场全球范围的数据革命拉开帷幕。数据革命将改变国家治理架构和模式，不仅是一场技术革命，一场经济变革，更是一场国家治理的变革。

2.3 数据强国

纵观当今世界互联网格局，欧美成为网络空间的掌控者和主导者。作为互联网中枢的海底光线，被欧美完全垄断，互联网根服务器主要都架在美国本土，而 12 台辅根服务器，归属 4 家美国公司、3 个美国政府相关机构、1 家欧洲公司、1 个欧洲私营机构和 1 个日本机构管辖。据国际电信联盟统计，2014 年年底全球网络用户数量超过 30 亿，占全球总数的40%，预计 2016 年网络用户普及率超过一半。截至 2015 年 6 月，中国网络用户规模达到 6.68 亿，互联网普及率 48.8%，手机网络用户数量达5.94 亿①。以 BAT（百度、阿里巴巴、腾讯）为代表的中国互联网企业跻身世界前列，标志着中国成为名副其实的网络大国，但却不是网络强国，中国在前三次的工业革命中丧失了发展机遇。

数据正像石油、钢铁一样成为重要原材料，以数据为重要驱动力的数据革命正在到来。各国的数据发展几乎处于同一起跑线上，谁能抢占数据革命的先机，谁就有望占据新一轮科技和产业革命的制高点。数据将作为中国追赶超发达国家，实现跨越式发展的重要突破点。

2.3.1 数据上升为国家战略

目前政策对数据的支持力度正不断提升，数据已上升至国家战略。为加强中国数据产业的发展，中国相继出台了《关于促进云计算创新发展培育信息产业新业态的意见》、《关于积极推进"互联网+"行动的指导意见》、《关于运用大数据加强对市场主体服务和监管的若干意见》和《促进大数据发展行动纲要》，对大数据产业的发展进行了系统部署。党的十八届五中全会公报强调，将实施"网络强国战略"和"国家大数据战

---

① 中国站长站. 2016-01-22. CNNIC 发布第 37 次《中国互联网络发展状况统计报告》. http://www.chinaz. com/news/2016/0122/498650. shtml? uc_ biz_ str=S：custom｜C：iflow_ ncmt｜K：true［2016-01-25］.

略"。这是继《关于积极推进"互联网+"行动的指导意见》以及《促进大数据发展行动纲要》下发后，有关互联网、大数据的发展目标被再次写进国家级重要文件。将产业发展与"强国"之策相匹配，对"十三五"相关产业发展起到了关键提示作用。2015 年 11 月，党的十八届五中全会公报提出要实施"国家大数据战略"，这是大数据第一次写入党的全会决议，标志着数据战略正式上升为国家战略。

数据成为国家竞争力的战略制高点。全球正处于新一轮科技革命和产业变革之中，通过对互联网、物联网等新一代信息技术所产生的海量数据进行分析，能够总结经验、发现规律、预测趋势、辅助决策，拓展人类认识世界和改造世界的能力，给人类经济社会创新发展提供强力引擎。美国、欧盟、日本等国家和地区纷纷将推动大数据发展与应用作为提升国家竞争力、夺取新一轮竞争制高点的重大战略。2012 年 5 月，世界上首个非营利性的开放式数据研究所（the open data institute, ODI）在英国成立。2013 年，英国政府投资 1.89 亿英镑发展大数据技术，2014 年又投入 7300 万英镑。通过高效运用大数据技术，政府每年约节省支出 330 亿英镑。英国政府预测，到 2017 年，大数据技术可以为英国提供 5.8 万个新的工作岗位，并直接或间接带来 2160 亿英镑的经济增长[①]。大数据革命已经触及英国的各行各业，正在改变着传统商业模式。作为工业革命的发源地，英国渴望成为大数据时代的引领者。2012 年 3 月 29 日，奥巴马政府公布"大数据研发计划"（Big Data Research and Development Initiative），目标是改进现有人们从海量和复杂的数据中获取知识的能力，转变现有的教学和学习方式，从而加速美国在科学与工程领域创新的步伐，增强国家安全。首批共有 6 个联邦部门宣布投资 2 亿美元。目前美国数据开放网站已有超过 37 万个数据集、1200 多个数据工具，这些数据来自 170 多个机构。2013～2020 年，以发展开放公共数据和大数据为核心的日本新信息产业国家战略，提出把日本建设成为一个具有"世界最高水准的广泛运用信息产业技术的社会"。2010 年 11 月，欧盟提出《欧盟开放数据战略》，希

---

① 马可资讯. 2014-11-17. 英国开启大数据时代. hew. makepole. com/4375930. html［2015-12-01］.

望使欧盟成为公共部门信息再利用的全球领先者。八国集团发布了《G8开放数据宪章》，推动数据开放和利用。围绕大数据资源掌控权和应用主动权的新一轮国际竞争已经爆发，中国发展大数据势在必行。

《促进大数据发展行动纲要》的发布标志着国家从顶层开始重视大数据的建设与应用，对大数据的发展方向起到了非常明确的引导作用。但是，从系统角度，全面统筹和谋划下一步的实施方案，需要各级政府、各个部门、各个领域、各个行业甚至我们每一个人共同努力，形成合力，推动数据战略在中国快速有效发展实施。

2.3.2　数据助推国家发展

目前正在进入一个新的能源时代，这个时代核心资源已经不是石油，而是数据。数据将会成为像水、电、石油一样的公共资源，人类在拥有石油这样的新能源之前，没有想过自己会登上月球，人类在拥有计算机计算能力之前，同样也无法想象人的思考能力。有了计算能力和数据之后，人类会发生天翻地覆的变化，以往人类是探索外部世界，如探索别的星球，而数据将会让我们更加了解自己。

数据是新的生产要素，是基础性资源和战略性资源，也是重要生产力。信息经济阶段将迎来数据时代，数据的收集、挖掘、连接、分析和运用成为国家综合竞争力的新标志。李克强总理曾多次提及，且反复强调，"不管是推进政府的简政放权，放管结合，还是推进新型工业化、城镇化、农业现代化，都要依靠大数据、云计算[①]"。数据与云计算、物联网等新技术相结合，正日益深刻地改变人们的生产生活方式。人们在（移动）互联网上的一切活动都形成数据，人们既是数据的消费者，也是数据的生产者。数据是人类社会或人的社会行为数据的总和。

如果信息时代诞生的是制造，数据时代将会诞生创造，如果信息时代诞生的是知识，那么数据时代人类将会真正产生智慧。数据时代强大的计

---

① 新京报. 2015-03-07. 李克强对政府数据表态. http：//news. xinhuanet. com/2015-03/07/c_ 1114554456. htm
［2015-12-10］.

算能力将会成为人类的大脑，现在很多人反感互联网，觉得互联网带来了无数的冲击。但每一次技术革命一定会对传统的生产关系带来一定的冲击，每次技术革命都是人类进步一个重要的里程碑。信息时代是把自身做得越来越强大，知道别人不知道的东西。而数据时代最了不起的是利他思想，因为只有自己相信别人更强大，让员工、客户、合作伙伴比自己和以往的他更强大，自己才有可能强大起来。未来政府部门的监管和治理离不开大数据，政府在招商引资的时候，要考虑的已经不是原来的"三通一平"（水通、电通、路通、场地平整），而应该考虑计算能力、储存能力、数据的整体服务能力。数据时代更加公平、更加透明、更加开放，数据的思想是你中有我、我中有你，数据思想让所有人都联系在一起，密不可分。数据时代不是技术的变革，而是思想的变革，不是人和机器的关系发生了变化，而是人与人的思想发生了变化，人与人之间的关系发生了变化。以网络为基础，"互联网+"为手段，大数据运用为核心，将三者结合起来协同发展，将实现产业结构转型升级、政府治理水平提升、民生改善、国力增强。

当前，数据已经渗透到各个发展行业和业务领域，数据的与日俱增昭示着大数据时代已经来临，许多国家对数据的系统研究与科学运用已上升为国家战略，数据将成为重塑世界新格局、国家治理新架构和资源配置新模式、国际安全新态势的核心。曾经"谁掌握了粮食谁就掌握了世界，谁掌握了石油谁就掌握了世界"，而数据时代，"谁掌握了数据谁就将掌握世界"。数据是事关国家安全和发展、事关广大人民群众工作生活的重大战略问题。

我国具有数据发展的绝对优势。中国互联网信息中心（CNNIC）发布第 37 次《中国互联网络发展状况统计报告》，报告显示，截至 2015 年12 月，中国网民规模达 6.88 亿，我国手机网民规模达 6.20 亿，中国在数据规模上全球第一；同时，钱学森等提出的系统工程及科学思想广泛应用于我国宏观经济研究、人口发展的研究，积累了大量系统建模及数学计算的传统优势。虽然我国在数据发展和应用方面已具备一定基础，拥有市场优势和发展潜力，但也存在政府数据开放共享不足、产业基础薄弱、缺乏顶层设计、统筹规划、法律法规建设滞后，创新应用领域不广等问题，亟待解决。需要我们从国际国内大局出发，加强统筹谋划和总体布局，一定会在数据发展中谋求突破，实现数据治国和数据强国。

2.3.3　数据发展系统体系

数据是每个部门、每个领域、每个产业、每个业务、每个应用以及我们每一个人网络化、信息化的唯一载体，是一种重要的公共资源。利用数据将各个部门、领域、业务、应用及每个人有机地结合起来，组成一个高效、有序运转的统一整体，发挥数据的最大价值，服务于国家、社会和人民是数据发展的最终目标。系统研究数据的思路如下：面对中国信息基础设施建设、互联网、移动互联网及信息化发展现状，基于系统思维，从全局高度运用数据理论、技术和方法，打造全新的数据业务、数据工程和数据产业，运用新的数据思维和理念构造新的数据管理和数据环境，最终实现用数据安全维护国家的安全与发展。

本节基于系统思维构建中国数据发展体系架构，如图 2-7 所示，包含数据基础、数据理论、数据技术、数据工程、数据产业、数据管理、数据

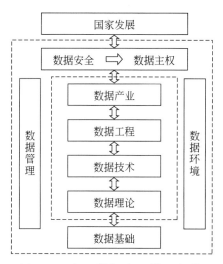

图 2-7　中国数据发展体系架构

环境、数据安全及数据主权 9 个部分，这 9 个部分相互影响、相互制约、密不可分。数据基础是指产生和承载数据资源的信息基础设施，包含网络、信息平台及数据中心等的发展和建设情况；数据理论是指探寻数据规律，让数据有序运转的理论与概念，包含数据概念、分类等基本理论和系统工程、综合提升等支撑理论；数据技术是指让数据发挥价值和效用所采用的技术与方法，包含数据归集、存储、处理等关键技术和数据集成与提升等的集成技术；数据工程是指数据应用示范与支撑服务的工程实践，包含数据开放共享、科学管理决策等的政府治理工程和洞察民生需求、智慧城市建设等民生服务工程；数据产业是指数据工程过程中所形成的产品与平台的产业化推广过程，包含传统产业转型升级和新兴产业发展。数据基础、数据理论、数据技术、数据工程和数据产业相互影响、不可分割，形成数据发展主线。数据管理是指高效管理、科学应用的组织保障，包含数据质量、标准等的职能管理机构及管理机制；数据环境是指发展过程中政府行为、民众反映等的重要影响因素，包含数据相关政策的制定及数据人才的培养。数据管理与数据环境支撑数据发展主线的各个环节，是数据发展的辅线。数据安全贯穿数据发展始终，是数据广泛应用和有序发展的前提与核心，数据主权是数据安全概念的升华，是将数据安全提升到维护国家主权的高度，只有数据安全，国家才能维护安全与发展。

本书以下内容将围绕数据基础、数据理论、数据技术、数据工程、数据产业、数据管理、数据环境、数据安全、数据主权及水资源数据应用实践进行全面展开。

第3章
数据基础

数据基础是指产生和承载数据资源的网络、信息平台及数据中心等基础设施，这些基础设施的发展和建设情况直接影响数据资源的产生、传输、存储、处理甚至应用。本章将围绕数据时代与数据资源直接相关的基础设施建设情况以及对数据发展产生的影响，就如何加强基础设施建设以迎合数据需求进行展开。

3.1　网络基础设施

网络基础设施是包括互联网、移动互联网、电信网、广播电视网、计算机、移动终端等组成的信息高速公路，任何一台联网的设备随时能够与整个世界连为一体。随着我国经济社会的快速发展及人们精神文化需求的日益增加，互联网在中国的普及率越来越高，人们对互联网应用水平的要求也越来越高，中国政府持续致力于推动互联网的发展和普及，不断加强网络基础设施建设。中国网络基础设施建设已迈上了新的台阶，成为国家战略性基础设施。但是，中国网络基础设施建设与数据发展需求之间还存在较大的差距。本节将从数据发展角度分析网络基础设施中存在的问题及其对数据所产生的影响展开论述。

3.1.1 网络主权归属美国

网络主权就是一国国家主权在网络空间中的自然延伸和表现。对内，网络主权指的是国家独立自主地发展、监督、管理本国互联网事务；对外，网络主权指的是防止本国互联网受到外部入侵和攻击。在国际社会中，网络主权是一个颇具争议的概念。一种观点认为，网络无国界，网络空间是全球公共领域，不应受任何单个国家所管辖、支配，因而网络主权一说不成立；另一种与之对立的观点认为，网络虽然无国界，但是网络基础设施、网民、网络公司等实体都是有国籍的，并且是所在国重要的战略资源，理所应当受到所在国的管辖，而不应该是法外之地，网络主权的提法是非常有必要的。值得注意的是，各国虽然在网络主权的提法上各执己见，但在实践层面却无一例外对本国网络加以严厉管制，防止受到外部干涉。

提到网络主权就不得不涉及网络霸权。我国已建成了全球最大规模的宽带通信网络，截至 2015 年 3 月，长途光缆线路长度已达 93 万 km，光纤接入到户/办公室（FTTH/O）端口已达 1.86 亿个，全国 93.5% 的行政村开通宽带，移动通信基站已达 353.9 万个，固定电话、固定宽带、移动电话、互联网网民数分别达到 2.5 亿、2 亿、12.9 亿和 6.5 亿，其中 4G 用户超过 1.6 亿[①]。但是，这些基础设施背后隐藏的却是美国对信息主权的垄断，通信设施及基础内核权绝大部分归属美国，只有少量的华为产品，属于自主产权，但覆盖面积非常有限。例如，谷歌掌控着全球 86% 的搜索信息，互联网的各种协议都由美国制定，各类电子设备及终端，如芯片、CPU 等存储和格式等都是美国掌控。特别是全球互联网 13 台根服务器中，美国本土占有 10 个（包括 1 台主根服务器和 9 个辅根服务器），欧洲 2 个辅根服务器，分别位于英国和瑞典，亚洲 1 个辅根服务器位于日本。互联网安全得不到保证，数据安全必然得不到保证，数据会被泄露甚至丢失。我们只有加强技术创新，加强自主知识产权保护及核心产品的研

---

① 人民网. 2015-06-30. 我国建成全球最大规模宽带通信网络. politics. people. com. cn/n/2015/0630/c70731-27227459. htm［2015-12-20］.

制及应用，如具有我国绝对自主知识产权的卫星通信和导航的广泛应用和产品推广。

信息传播无国界，网络空间有主权。由于网络资源分配不均以及网络空间国际公约的缺失，加之网络传播的独特性，使维护网络主权任重而道远。然而，为所谓某种程度上的网络安全而不参与国际网络合作，将换得"信息孤岛"的代价。因此，如何在维护网络主权和促进网络发展之间寻找一个平衡的、可持续的路径，是各国特别是网络强国之外的国家亟须解决的重大问题。

3.1.2　数字鸿沟现象依然存在

据中国互联网络信息中心（CNNIC）发布的《第 37 次中国互联网发展状况统计报告》显示，截至 2015 年 12 月，中国网民规模达 6.88 亿，互联网普及率达到 50.3%，半数中国人已接入互联网，越来越多的人从互联网受益。网民数量的迅猛增长，推动了互联网应用的广泛热潮，手机支付、叫车、在线教育、在线医疗等的快速发展，极大地提升了各种服务水平。但是，全国各个省、自治区、直辖市之间由于互联网普及率参差不齐而导致的数字鸿沟现象依然存在，网民数量超过千万规模的省达 26 个；互联网普及率超过全国平均水平的省份达 14 个。当然，城乡之间数据鸿沟现象更为严重。互联网快速普及导致数据指数级增长的同时，数字鸿沟直接导致城乡数据信息不均衡，数据质量、数据密度等存在较大差异。我们要加强网络基础设施建设投入力度，缩小地区和城乡之间的数字鸿沟，同时，要加强自主网络设施研发力度，保证网络安全，进而推动数据安全。

3.1.3　空天地一体化网络信息体系

地面网络基础设施归属不在中国，数据主权受到挑战。数字鸿沟现象严重，很难在短时间通过地面网络设施建设给予解决。同时，当前各个行业对数据的全面性、实时性提出了更高的要求，各种突发事件也呈现出网络不给力的现象，迫切需要构建全时空覆盖网络基础设施。本章提出构建融入自主技术的空天地一体化网络信息体系，将拥有中国自主知识产权的航天卫星、国产路由等设施融入到整个体系的建设之中。由具有通信、侦察、导航、气象等多种功能的异构卫星/卫星网络、深空网络、空间飞行器以及地面有线和无线网络设施组成，通过链路将地面、海上、空中和深空中的用户、飞行器以及各种通信平台密集联合。地面和卫星之间可以根据应用需求建立星间链路，进行数据交换。它既可以是现有卫星系统的按需集成，也可以是根据需求进行"一体化"设计的结果，具有多功能融合、组成结构动态可变、运行状态复杂、信息交换处理一体化等功能特点。总的来说，空天地一体化网络是一个由深空通信网络、同步卫星中继网络、中低轨卫星网络、平流层网络、航空自组网络、地面有线/无线以及移动网络、航天器、海上舰艇等组成的复杂巨系统，如图3-1所示。空天地一体化网络整体呈现多层次、全天候、全方位、高动态、自主性强、高延迟等特点。

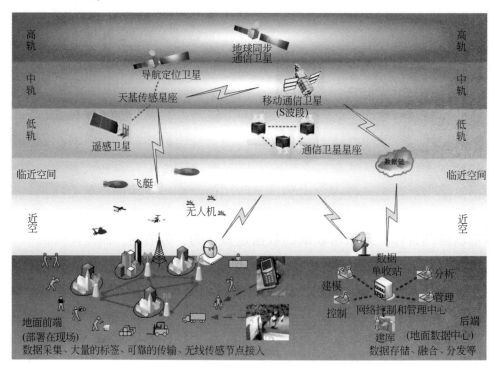

图3-1　空天地一体化信息网络体系

3.2　信息平台与信息系统建设

随着信息化建设的不断推进，中国信息化发展取得了长足进展，信息技术、通信技术、网络技术、办公自动化技术等技术改造提升传统产业，各领域信息化水平得到全面提升，各级政府及各企事业单位建设了大量的信息平台与信息系统，而这些平台和系统不断产生和承载着大量的数据信息。本节将围绕信息平台和信息系统建设情况及其对数据产生的影响进行展开。

3.2.1　分散建设导致信息孤岛现象存在

各类信息平台或信息系统的分散建设，导致当前信息孤岛现象普遍存在。信息孤岛是指相互之间在功能上不关联、信息不共享，以及信息与业务流程和应用相互脱节的计算机应用系统。从另一个角度来看，每一次局部的 IT 应用都可能与以前的应用不配套，也可能与以后的"更高级"的应用不兼容，所以，信息孤岛的产生具有一定的必然性。信息孤岛是一个普遍问题，不是中国信息化特有的情况，政府之间、企业之间均存在信息孤岛现象。中国信息化广泛推进导致很多地方，有多少个委、办、局就有多少个信息系统，每个信息系统都有自己的数据库、主管的信息中心、自己的操作系统、自己开发的应用软件和用户界面，是完全独立的体系，各个信息平台或信息系统分散建设，信息不能互联互通、资源不能共享、部门难以协调合作，导致所获取的数据是孤立的、分散的，而数据发展需要的是数据间交织、碰撞产生新的更有价值的中间数据，这些数据富含多维、多角度的内涵。当前主要任务是解决信息化初期所带来的信息孤岛问题，消除信息孤岛现象。

3.2.2　重复建设导致资源大量浪费

由于受体制机制影响，对信息化认识的局限性、注重短期效应而缺少长期规划等原因，导致中国不同领域、不同部门之间存在严重的信息平台或信息系统的重复投资建设现象。重复建设不仅带来资源上的巨大浪费，更带来了许多数据问题，特别是数据的重复率高、冗余严重，为传输和存储数据资源造成负担，并造成浪费。各级政府和企事业单位必须高度重视重复建设问题，依托现有平台资源，加强各级、各类信息平台或信息系统的整合，严格控制新建平台。

3.3　数据中心建设

数据中心又称为服务器场，是一整套复杂的设施，不仅包括计算机系统和其他与之配套的设备，如通信和存储系统，还包含冗余的数据通信连接、环境控制设备、监控设备以及各种安全装置，典型数据中心均由刀片服务器、SAN 存储局域网络交换机、UPS 等基础硬件构成。同时，数据中心可以看做是全球协作的特定设备网络，能在网络基础设施上传递、加速、展示、计算、存储数据信息，而数据中心的核心是数据处理，包括数据分析、处理和查询。一个大型数据中心消耗的电与一个小城镇工业业务规模耗电相当，截至 2015 年互联网数据中心（IDC）统计的中国数据中心情况如图 3-2 所示。

3.3.1　数据中心的利用率低

技术、理念等因素导致中国数据中心利用率较低。数据中心的发展经历了计算中心、信息中心、服务中心 3 个阶段。计算中心出现于 20 世纪 60 年代，是数据存储和简单计算阶段；信息中心出现于 80 年代，是数据

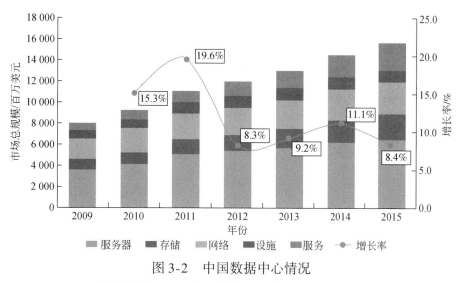

图 3-2 中国数据中心情况

（数据来源：IDC 中国数据中心市场研究，2015）

处理和业务应用阶段；服务中心出现于 21 世纪初，是服务性数据中心阶段（顾大伟等，2010）。据 IDC 关于中国数据中心市场的研究显示，国内数据中心总数已经超过 70 万个，但是，2015 年《互联网周刊》中一篇题为《数据时代：为什么80％以上数据中心被闲置?》（赵宇新，2015）的文章，揭示出中国数据中心虽然数量较多，但利用率低。云数据中心通过网络统一管理和调度计算、存储、网络、软件等资源，实现资源的整合与配置的优化，以服务方式满足不同用户随时获取并扩展、按需使用并付费，最大限度地降低成本等各类需求[①]。虽然中国云计算处在快速的发展当中，但从起步、研发、应用、推广等各个环节上来说，中国的发展时间都比较晚，还面临着部署结构不够合理、资源利用率较低等问题。统计显示，在规模结构方面，中国大规模数据中心比例偏低，大型数据中心发展规模甚至不足国外某一互联网公司总量，目前还没有实现集约化、规模化的建设。数据中心的规模小、等级低、能耗高导致大量闲置，总体利用率较低。中国大部分数据中心的服务器平均利用率较低，归其原因是各个业

[①] Alisa. 2013-01-28. 云数据中心部署结构不够合理资源利用率较低 . http：∥www. jifang360. com/news/2013128/n485644795. html ［2015-12-10］.

务部门在提出业务应用需求时都在单独规划、设计其业务应用的运行环境，并且是按照最大业务规模的要求进行系统容量的规划和设计。例如，一个企业的财务应用一般在月末或季末的时候使用量比较大，而其他时间的使用量则比较小，但是为了保证系统能够一直稳定运行，这个财务应用的资源配置方式就是按照其最高峰使用量来设计。同时，在已使用的数据中心中，大部分习惯于通过在原有服务器基础上再增加额外服务器的方式保持数据中心正常运转，对于这些服务器的性能利用率情况不会给予太多关注，造成服务器的性能利用率低下，带来资源浪费。

3.3.2 数据中心的处理能力弱

数据中心的高能耗对数据处理提出了新的要求。虽然数据中心的软硬件配备越来越完善，但面对 TB 甚至 PB 级的数据来说，更多的设备和更密集、散热量更大的系统，将会带来更大令人恐惧的噪声问题。随着数据量的持续增长，在爆炸数据面前，数据中心的管理者需要更多的服务器，更多的存储空间和更多的带宽，但是，值得思考和面对的问题是，数据中心的能耗也随之迅猛增加，能耗对环境带来的影响引起了全球的高度重视。英特尔公司早在几年前就在服务器运行上使用 110W 的两大核心芯片组，使英特尔 E7 芯片组架构可以运行 10 个核心、20 线程处理，却仅仅耗电 130W，这大大提升了数据中心的处理能力，相对降低了能耗。云计算技术是降低数据中心的处理压力，提升 IT 硬件的效率，确保大的数据能够得以处理，给用户提供存储和服务的热门技术。中国一些互联网主要企业已逐步掌握云计算核心技术，主要云计算平台的计算能力和数据处理能力已跻身世界前列，如浪潮、曙光、华为等国内自主云计算服务器已比较成熟，具有一定国际竞争力。但是，中国云服务和世界领先企业相比仍有差距，随着世界向更加智能化、物联化、感知化的方向发展，数据正在以爆炸性的方式增长，从千兆向万兆迈进，对数据中心的要求将越来越高，以数据中心为平台的数据处理能力面临着新的挑战。解决数据中心高能耗与数据高效处理之间的矛盾将是未来数据中心发展的重点。

综上，中国信息基础设施建设还存在着诸多问题，对数据的应用和发展产生直接的影响，同时，信息基础设施建设迫切需要将数据作为支撑进行优化配置。因此，针对中国信息基础设施建设的现有情况，如何利用理论、技术等实现对数据的有效开发应用意义重大。

第 4 章
数 据 理 论

理论是认知的必经途径，也是被广泛认同和传播的基线。信息基础设施产生和承载着越来越多的数据，数据理论是指探寻这些数据的规律，让数据有序运转的理论与概念，为数据应用提供理论的支撑。数据理论把所有的理论分析全部屏蔽，而是从数据的特征定义入手，理解行业对数据的整体描绘和定性，无需再从构建假设入手，分析、计划、实施到最后印证一步步推演过来，而是直接把最终结果描绘出来。数据为科学研究提供了新的途径，需要数据理论研究作为支撑。本章将围绕数据概念、特点等的基本理论和发挥价值的支撑理论进行展开。

4.1　基　本　理　论

基本理论是对数据的认知过程中所涉及的数据定义、特征、来源、类型、价值、应用、服务等的描述与定性。人们通过数据的特征定义理解数据内涵，通过数据思维剖析数据价值；通过数据应用洞悉数据未来。

4.1.1　特征与定义

本书所指的数据不仅仅是大数据，而是全数据。广义的全数据是全宇宙时空连续出现过的所有数据的集合。宇宙中的一切数据都是能量运动到一定阶段的产物。所以，宇宙中发生的一切数据的能量永远不会消失，只会随着时空的转变而转变。对于人类而言，宇宙中所有发生的一切数据都是客观存在的，关键是用什么方式去收集、提取和分析。狭义的全数据，是特定宇宙时空内连续出现过的所有数据的集合，是一种 24 小时不间断的连续的数据收集和再现模式，信息收集方式是人类最接近全数据的收集方式。通过信息传递及信息分析，能够得出高价值的分析数据。综上所述，人类正在用接近不间断的信息收集方式，全方位收集宇宙中发生的一切数据，并能提取相关的数据用于分析，从而为人类的可持续发展服务，人类已经进入了全数据时代。

当我们用数据描述宇宙，就是在描述关于宇宙已知和未知的一切：过去、现在、未来和空间。当我们用数据描述商业，就是在描述关于商业的一切：企业、人、模式、产品、营销、成功的条件、失败的诱因等。当前风靡全球的"大数据"的概念早已有之，1980 年著名未来学家阿尔文·托夫勒便在《第三次浪潮》一书中，将大数据热情地赞颂为"第三次浪潮的华彩乐章"。但是直到近几年，"大数据"才与"云计算"、"物联网"一道成为互联网信息技术行业的流行词汇。2008 年，在谷歌成立 10 周年之际，《自然》杂志出版了一期专刊，专门讨论未来的大数据处理相关的一系列技术问题和挑战，其中就提出了"Big Data"（大数据）的概念。2011 年 5 月，在"云计算相遇大数据"为主题的易安信世界大会（EMC World 2011）会议中，EMC 也抛出了 Big Data 概念。所以，很多人认为 2011 年是大数据元年。维基百科认为大数据是超过当前现有的数据库系统或数据库管理工具处理能力，处理时间超过客户能容忍时间的大规模复杂数据集。全球排名第一的企业数据集成软件商 Informatica 认为大数据包括海量数据和复杂数据类型，其规模超过传统数据库系统进行管理和处理的能力。亚马逊网络服务（AWS）、大数据科学家 John Rauser 提到一个简单的定义：大数据就是任何超过了一台计算机处理能力的庞大数据量。百度搜索的定义为："大数据"是一个体量特别大、数据类别特别多的数据集，并且这样的数据集无法用传统数据库工具对其内容进行抓取、管理和处理。互联网周刊对其的定义为："大数据"的概念远不止大量的数据

（TB）和处理大量数据的技术，或者所谓的"4 个 V"之类的简单概念，而是涵盖了人们在大规模数据的基础上可以做的事情，而这些事情在小规模数据的基础上是无法实现的。换句话说，大数据让我们以一种前所未有的方式，通过对海量数据进行分析，获得有巨大价值的产品和服务，或深刻的洞见，最终形成变革之力。数据不是很大的数据，或者很多数据，而是与某个现象有关的所有数据，以及描述数据的数据。它可以表现为数字，也可以表现为文字、音频、视频、图片、甚至一个眼神、心理活动。

4.1.1.1　数据特征

数据主要具有以下 4 个方面的典型特征：规模性（volume）、多样性（variety）、高速性（velocity）和价值性（value），即所谓的"4V"，如图4-1 所示。

图 4-1　大数据的"4V"特征

（1）规模性。数据的特征首先就体现为"数量大"，存储单位从过去的 GB 到 TB，直至 PB、EB。随着信息技术的高速发展，数据开始爆发性增长。社交网络（微博、推特、脸书）、移动网络、各种智能终端等，都成为数据的来源。淘宝网近 4 亿的会员每天产生的商品交易数据约 20TB；脸书约 10 亿的用户每天产生的日志数据超过 300TB。当前迫切需要智能的算法、强大的数据处理平台和新的数据处理技术，来统计、分析、预测和实时处理如此大规模的数据。

（2）多样性。广泛的数据来源，决定了数据形式的多样性。数据大体可分为 3 类：一是结构化数据，如财务系统数据、信息管理系统数据、医疗系统数据等，其特点是数据间因果关系强；二是非结构化的数据，如视频、图片、音频等，其特点是数据间没有因果关系；三是半结构化数据，如 HTML 文档、邮件、网页等，其特点是数据间的因果关系弱。

（3）高速性。与以往的档案、广播、报纸等传统数据载体不同，大数据的交换和传播是通过互联网、云计算等方式实现的，远比传统媒介的信息交换和传播速度快捷。数据与海量数据的重要区别，除了大数据的数据规模更大以外，大数据对处理数据的响应速度有更严格的要求。实时分析而非批量分析，数据输入、处理与丢弃立刻见效，几乎无延迟。数据的增长速度和处理速度是大数据高速性的重要体现。

（4）价值性。这也是数据的核心特征。现实世界所产生的数据中，有价值的数据所占比例很小。相比于传统的小数据，数据最大的价值在于通过从大量不相关的各种类型的数据中，挖掘出对未来趋势与模式预测分析有价值的数据，并通过机器学习方法、人工智能方法或数据挖掘方法深度分析，发现新规律和新知识，并运用于农业、金融、医疗等各个领域，从而最终达到改善社会治理、提高生产效率、推进科学研究的效果。

我们所研究的数据是与某个现象相关的所有数据。这意味着，能够改变这个现象的所有常量和变量都已被囊括其中，无论发生何种变化，一定都能得出一个最优结论。而让这一切得以实现的前提是有足够完整的数据和足够科学的算法。依靠数据不能保证所有的努力都会成功，但这一过程会将风险降到最低。

4.1.1.2　数据来源

通过对数据中心、服务器以及各行业数据的梳理，大致判断国内 2014 年一年产生的数据总量以及大致分布在以下行业：①BAT 为代表的互联网公司。例如，阿里巴巴公司目前保存的数据量为 90% 以上电商数据、交易数据、用户浏览和点击网页数据、购物数据。百度公司 2014 年数据总量接近 1000 个 PB，中文网页、百度推广、百度日志、用户生成内容，以 70% 以上的搜索市场份额坐拥庞大的搜索数据。腾讯公司总存储数据量经压缩处理以后在 100PB 左右，数据量月增 10%，包括大量社交、游戏等领域积累的文本、音频、视频和其他类数据。②电信、金融、保险、电力、石化系统。电信行业，用户上网记录、通话、信息、地理位置，运营商拥有的数据数量都在 10PB 以上，年度用户数据增值数十 PB。金融与保险，开户信息数据、银行网点和在线交易数据、自身运营数据，金融系统每年产生数据达数十 PB，保险系统数据量也接近 PB 级别。电力与石化，仅国家电网采集获得的数据总量就上 10 个 PB 级别，石油化工、智能水表等领域每年生产和保存下来的数据量也达到数十 PB 级别。③公共安全、交通领域。公共安全，以北京为例，50 万个监控摄像头，每天采集视频数据量约 3PB，整个视频监控每年保存下来的数据在数百 PB 以上。交通，航班往返一次能产生数据就达到 TB 级别，列车、水陆路运输产生的各种视频、文本类数据，每年保存下来的也达到数十 PB。④气象、教育、地理、政务等。气象与地理，中国气象局保存的数据目前有 4 ~ 5PB，每年增数百个 TB，各种地图和地理位置信息每年数十 PB。政务与教育，北京市政务数据资源网涵盖旅游、交通、医疗等门类，一年线上公布了 400 余个数据包，政务数据多为结构化数据。⑤商业销售、制造业、农业、物流和流通等其他领域。制造业，产品设计数据以文件为主，非结构化，共享要求较高，保存时间较长。企业生产环节的业务数据，数据库结构化数据以及生产监控数据，数据量非常大。其他传统行业，线下商业销售、农林牧渔业、线下餐饮、食品、科研、物流运输等行业数据量剧增。行业数据量还处于积累期，整个体量都不算大，多则达到 PB 级别，少则百 TB 甚至数十 TB 级别。

4.1.1.3　数据类型

按照不同的分类标准，可将数据分为不同的类型，具体见表 4-1 所示。从数据生成类型上，数据可分为交易数据、交互数据和传感数据；从数据来源上，数据可分为社交媒体、银行/购物网站、移动电话和平板电脑、各种传感器/物联网等；从数据格式上，数据可分为结构化数据、半结构化数据和非结构化数据；从数据所有者上，数据可分为公司尤其是巨型公司数据、政府数据、以网络数据为核心的社会数据。

表 4-1　数据标准及分类

类型划分	描述
从数据生成类型上分	可分为交易数据、交互数据和传感数据
从数据来源上分	可分为社交媒体、银行/购物网站、移动电话和平板电脑、各种传感器/物联网等
从数据格式上分	数据可分为结构化数据、半结构化数据和非结构化数据
从数据所有者上分	可分为公司尤其巨型公司数据、政府数据、社会数据

按照产生主体不同，数据划分为以下 3 类：①最里层：少量企业应用产生的数据，包括关系型数据库中的数据和数据仓库中的数据；②次外层：大量人产生的数据，包括微博、微信数据，电子商务在线交易日志数据，呼叫中心评论、留言或者电话投诉，企业应用的相关评论数据等；③最外层：巨量机器产生的数据，包括应用服务器日志，传感器数据（天气、水、智能电网等），图像和视频（摄像头监控数据等），RFID、二维码或条形码扫描数据。

按照存储形式划分，大数据不仅仅体现在数据量大，也体现在数据类型多。海量数据中，仅有 20% 左右属于结构化数据，80% 的数据属于广泛存在于社交网络、物联网、电子商务等领域的非结构化或半结构化数据。结构化数据，即行数据，可用二维表结构来逻辑表达实现，主要存储在关系型数据库中，先有结构再有数据，结构一般不变，处理起来比较方便。非结构化数据，相对于结构化数据而言，不方便用数据库二维逻辑表来表现，非纯文本类数据，没有标准格式，包括所有格式的办公文档、文本、图像、XML、HTML、各类报表、图像和音频/视频信息，存储在非结构数据库中，非结构化 Web 数据库，突破了关系数据库结构定义不易改变和数据定长的限制。半结构化数据，介于完全结构化数据和完全无结构的数据之间，格式较为规范，一般都是纯文本数据，包括日志数据、XML、JSON 等格式的数据，一般是自描述的，数据的结构和内容混在一起，没有明显的区分，数据模型主要为树和图的形式。

4.1.2 思维与价值

随着大数据时代的到来，人们的工作、生活以及思维方式也随之发生深刻改变。维克托·迈尔-舍恩伯格（2012）在《大数据时代：生活、工作与思维的大变革》一书中指出，数据时代要用数据思维去挖掘数据的潜在价值，人们对待数据的思维方式将会发生如下变化：处理的数据将会从样本数据变成全部数据，由于是全样本数据，人们不得不接受数据的混杂性，而放弃对精确性的追求，通过数据处理，放弃对因果关系的关注而转向关注相关关系。书中多次提及谷歌怎样利用人们的搜索记录挖掘数据二次利用价值，以此预测某地流感爆发的趋势；亚马逊怎样利用用户的购置和浏览历史数据进行有针对性的书籍购置推荐，以此有效提升销售量；Farecast 怎样利用以往 10 年所有的航线机票价格打折数据，预测用户购置机票的时机是否合适。数据的真正价值在于缔造、填补无数个还未实现过的空白，数据不在于大，而在于有用。

事实上，数据时代带给人们的思维方式转变远不止谷歌、亚马逊以及 Farecast 3 个方面。数据思维最关键的转变在于从自然思维转向智能思维，使得数据像具有生命力一样，获得类似于"人脑"的智能，甚至智慧。

4.1.2.1 总体思维

社会科学研究社会现象的总体特征，以往采样一直是主要数据获取手段，这是人类在无法获得总体数据信息条件下的无奈选择。在数据时代，人们可以获得与分析更多的数据，甚至是与之相关的所有数据，而不再依赖于采样，从而可以带来更全面的认识，可以更清楚地发现样本无法揭示的细节信息。

舍恩伯格总结道："我们总是习惯把统计抽样看做文明得以建立的牢固基石，就如同几何学定理和万有引力定律一样。但是，统计抽样其实只是为了在技术受限的特定时期，解决当时存在的一些特定问题而产生的，其历史不足 100 年。如今，技术环境已经有了很大的改善。在数据时代进行抽样分析就像是在汽车时代骑马一样。"

在某些特定的情况下，我们依然可以使用样本分析法，但这不再是我们分析数据的主要方式。也就是说，在数据时代，随着数据收集、存储、分析技术的突破性发展，我们可以更加方便、快捷、动态地获得研究对象有关的所有数据，而不再因诸多限制不得不采用样本研究方法，相应地，思维方式也应该从样本思维转向总体思维，从而能够更加全面、立体、系统地认识总体状况。

4.1.2.2　容错思维

在样本数据时代，由于收集的样本信息量比较少，所以必须确保记录下来的数据尽量结构化、精确化，否则，分析得出的结论在推及总体上就会"南辕北辙"，因此，就必须十分注重精确思维。然而，在数据时代，得益于大数据技术的突破，大量的非结构化、结构化的数据能够得到储存和分析，这一方面提升了我们从数据中获取知识和洞见的能力，另一方面也对传统的精确思维造成了挑战。

舍恩伯格指出，"执迷于精确性是信息缺乏时代和模拟时代的产物。只有 5% 的数据是结构化且能适用于传统数据库的。如果不接受混乱，剩下 95% 的非结构化数据都无法利用，只有接受不精确性，我们才能打开一扇从未涉足的世界的窗户"。也就是说，在数据时代，思维方式要从精确思维转向容错思维，当拥有海量即时数据时，绝对的精准不再是追求的主要目标，适当忽略微观层面上的精确度，容许一定程度的错误与混杂，反而可以在宏观层面拥有更好的知识和洞察力。

4.1.2.3 相关思维

在小数据世界中，人们往往执著于现象背后的因果关系，试图通过有限样本数据来剖析其中的内在机理。小数据的另一个缺陷就是有限的样本数据无法反映出事物之间的普遍性的相关关系。而在数据时代，人们可以通过大数据技术挖掘出事物之间隐蔽的相关关系，获得更多的认知与洞见，运用这些认知与洞见就可以帮助我们捕捉现在和预测未来，而建立在相关关系分析基础上的预测正是数据的核心议题。

通过关注线性的相关关系，以及复杂的非线性相关关系，可以帮助人们看到很多以前不曾注意的联系，还可以掌握以前无法理解的复杂技术和社会动态，相关关系甚至可以超越因果关系，成为我们了解这个世界的更好视角。舍恩伯格指出，大数据的出现让人们放弃了对因果关系的渴求，转而关注相关关系，人们只需知道"是什么"，而不用知道"为什么"。我们不必非得知道事物或现象背后的复杂深层原因，而只需要通过大数据分析获知"是什么"就意义非凡，这会给我们提供非常新颖且有价值的观点、信息和知识。也就是说，在大数据时代，思维方式要从因果思维转向相关思维，努力颠覆千百年来人类形成的传统思维模式和固有偏见，才能更好地分享大数据带来的深刻洞见。

4.1.2.4 智能思维

不断提高机器的自动化、智能化水平始终是人类社会长期不懈努力的方向。计算机的出现极大地推动了自动控制、人工智能和机器学习等新技术的发展，"机器人"研发也取得了突飞猛进的成果并开始应用。应该说，自进入到信息社会以来，人类社会的自动化、智能化水平已得到明显提升，但始终面临瓶颈而无法取得突破性进展，机器的思维方式仍属于线性、简单、物理的自然思维，智能水平仍不尽如人意。

但是，大数据时代的到来，可以为提升机器智能带来契机，因为大数据将有效推进机器思维方式由自然思维转向智能思维，这才是大数据思维转变的关键所在。众所周知，人脑之所以具有智能、智慧，就在于它能够对周遭的数据信息进行全面收集、逻辑判断和归纳总结，获得有关事物或现象的认识与见解。同样，在大数据时代，随着物联网、云计算、社会计算、可视技术等的突破发展，大数据系统也能够自动地搜索所有相关的数据信息，并进而类似"人脑"一样主动、立体、逻辑地分析数据、做出判断、提供洞见，那么，无疑也就具有了类似人类的智能思维能力和预测未来的能力。

"智能、智慧"是数据时代的显著特征，大数据时代的思维方式也要从自然思维转向智能思维，不断提升机器或系统的社会计算能力和智能化水平，从而获得具有洞察力和新价值的东西，甚至类似于人类的"智慧"。

舍恩伯格指出，"大数据开启了一个重大的时代转型。就像望远镜让我们感受宇宙，显微镜让我们能够观测到微生物一样，大数据正在改变我们的生活以及理解世界的方式，成为新发明和新服务的源泉，而更多的改变正蓄势待发"。

数据时代将带来深刻的思维转变，数据不仅将改变每个人的日常生活和工作方式，改变商业组织和社会组织的运行方式，而且将从根本上奠定国家和社会治理的基础数据，彻底改变长期以来国家与社会诸多领域存在的"不可治理"状况，使国家和社会治理更加透明、有效和智慧[①]。

4.1.3　应用与未来

目前数据在我们身边广泛应用，并发挥着巨大作用。数据帮助政府实现市场经济调控、公共卫生安全提防、灾难预警、社会舆论监视，帮助城市预防犯罪，实现智慧交通，提升紧急应急能力；帮助医疗机构创建患者的疾病风险跟踪机制，帮助医药企业提升药品的临床使用效果，帮助艾滋

---

① 张义祯. 2015-01-26. 大数据带来的四种思维. www.qstheory.cn/society/2015-01-26/C-1114131641. htm〔2015-02-24〕.

病研究机构为患者提供定制的药物；帮助航空公司节约运营成本，帮助电信企业实现售后服务质量提升，帮助保险企业识别敲诈、骗保行为，帮助快递公司监测、剖析运输车辆的故障险情以预警或维修，帮助电力公司有效识别即将发生故障的设备；帮助电商公司向用户推荐商品和服务，帮助旅游网站为旅游者提供心仪的旅游路线，帮助二手市场的交易双方找到最合适的买卖目标，帮助用户找到最合适的商品购置时期、商家和最优惠价格；帮助企业提升营销的针对性，降低物流和库存的成本，减少投资的风险，以及帮助企业提升广告投放精准度；帮助娱乐行业预测歌手、歌曲、电影、电视剧的受欢迎水平，并为投资者剖析评估拍一部电影需要投入多少钱才最合适，否则就有可能收不回成本；帮助社交网站提供更准确的挚友推荐，为用户提供更精准的企业招聘信息，向用户推荐可能喜欢的游戏以及适合购置的商品，等等。实际上，这些还远远不够，未来数据的身影将无时不在、无处不在，因数据所形成的变革浪潮将很快淹没地球的每一个角落。

　　未来，数据将带给我们唯一的答案。亚马逊的最终期望是最成功的书籍推荐应该只有一本书，就是用户要买的下一本书。谷歌也希望当用户在搜索时，最好的体验是搜索结果只包涵用户所需要的内容，而这并不需要用户给予谷歌太多的提示。而当物联网发展到达一定规模时，借助条形码、二维码、RFID 等能够唯一标识产品，传感器、可穿着设备、智能感知、视频收罗、增强现实等技术可实现实时的信息收罗和剖析，这些数据能够支持智慧城市、智慧交通、智慧能源、智慧医疗、智慧环保的理念需要，这些所谓的智慧将是大数据的收罗来源和服务范围。

　　未来的数据除了将更好地解决社会问题、商业营销问题及科学技术问题。另一个可预见的趋势是以人为本的数据目标、数据梦想。人才是地球的主宰，大部分的数据都与人类有关，要通过数据解决人的问题。例如，创建个人数据中心，记录每个人的日常生活习惯、身体体征、社会网络、知识能力、喜好性情、疾病嗜好、情绪波动……换言之就是记录人从出生那一刻起的每一分每一秒，将除了思维外的一切都储存下来，这些数据可以被充分地利用。医疗机构将实时地监测用户的身体健康情况；教育机构更有针对性地制订用户喜欢的教育培训计划；服务行业为用户提供即时健康的切合用户生活习惯的食物和其他服务；社交网络能为你提供合适的交友对象，并为志同道合的人群组织种种聚会活动；政府能在用户的心理健康出现问题时有效的干预，提防自杀、刑事案件的发生；金融机构能帮助用户进行有效的理财治理，为用户资金提供更有效的使用计划；道路交通、汽车租赁及运输行业可以为用户提供更合适的出行线路和路途服务安置，等等。

但是，每件事情都有两面性。以上的一切看起来都很美好，但是会使我们在不知不觉中失去自由，只能说当新鲜事物带来了创新的同时也带来了"病菌"。例如，在手机未普及前大家喜欢聚在一起谈天，自从手机普及后特别是有了互联网，大家不用聚在一起也可以随时随地地谈天，大家渐渐习惯了和手机共度时光，人与人之间情感交流好像永远隔着一张"网"。

4.2 支 撑 理 论

支撑理论就是利用现有的方法论来支撑数据应用，通过现有理论发掘数据规律、分析数据关系、挖掘数据价值，使数据在理论的指导下，发挥巨大价值。

4.2.1 系统工程理论

数据科学是一个多学科融合的交叉学科，是以数据为研究对象，以信息论、统计学、数据理论、数学分析等理论为研究手段，以获取海量数据中蕴含的知识为目标的一门学科，这门学科需要理论作为基础和支撑。

研究数据首先需要系统思想，系统思想是一般系统论的认识基础，是对系统的本质属性的根本认识。系统思想的核心问题是如何根据系统的本质属性使系统最优化。数据系统是将数据整体看做一个系统，实现系统最优就是挖掘数据的最大内在价值。

系统论中可用于数据的理论包括：①系统的整体性，要素和系统不可分割，系统整体的功能不等于各组成部分的功能之和，具有不同于各组成部分的新性质或功能；②系统的开放性，系统与环境不断进行物质、能量和信息的交换；③系统的动态相关性，要素、系统和环境三者之间的关系及其对系统状态的影响；④系统的层次等级性，系统是有结构的，而结构是有层次、等级的。⑤系统的有序性，包括系统结构的有序性和系统发展的有序性。系统论主张以系统的观点去看整个世界，不能片面、孤立地看问题，以目的论代替因果论。

控制论认为一切有生命、无生命系统都是信息系统，无论是机器还是生物，都存在对信息进行接收、存取和加工的过程。控制论的提出促使人们对系统采用形式化加以抽象，进行数量化加以描述，并寻求系统的最优化。

信息论运用概率论与数理统计的方法研究信息、信息熵、通信系统、数据传输、密码学、数据压缩等问题的应用数学学科。信息系统就是广义的通信系统，泛指某种信息从一处传送到另一处所需的全部设备所构成的系统。运用信息的观点，把系统看做是借助于数据的获取、传送、加工、处理而实现其有目的性活动的一种研究方法，信息方法的意义在于揭示了不同系统的共同信息联系，有利于管理、决策科学化，指明了信息沟通的重要性。

4.2.2 综合提升理论

数据是体系中最基础的部分，给了我们一个知识的基石，充足的样本量，但是离真正的提取信息，掌握知识，运用智慧去解决甚至创造还有一定距离。发挥数据巨大价值，DIKW 数据，信息，知识，智慧模型，如图4-2 所示，可以帮助我们理解数据、信息、知识和智慧之间的关系，实现数据驱动迈向智能化的方向。

图 4-2　DIKW 模型

　　数据、信息、知识与智慧四者之间有着密切的相关性。数据，是知识阶层中最底层也是最基础的一个概念，是形成信息、知识和智慧的源泉。信息，是有一定含义的、经过加工处理的、对决策有价值的数据。信息＝数据＋处理，信息来源于数据并高于数据。信息是具有时效性的有一定含义的、有逻辑的、经过加工处理的、对决策有价值的数据流。知识＝数据＋时间＋处理。知识，是比数据、信息更高阶层，对信息使用归纳、演绎方法得到。知识之所以在数据与信息之上，是因为它更接近行动，它与决策相关，有价值的信息沉淀并结构化后就形成了知识。智慧，是知识层次中的最高一级，它同时也是人类区别于其他生物的重要特征。我们经常看到一个人满腹经纶，拥有很多知识，但不通世故，被称做书呆子。也会看到有些人只读过很少的书，却能力超群，能够解决棘手的问题。我们会认为后者具有更多的智慧。智慧—知识的选择应对的行动方案可能有多种，但（战略）选择哪个行动方案靠智慧。智慧是人类基于已有的知识，针对物质世界运动过程中产生的问题，根据获得的信息进行分析、对比、演绎找出解决方案的能力。

　　数据、信息、知识和智慧是逐层提升的过程。薛惠锋教授的综合提升理论将为数据到智慧的提升作支撑。综合提升方法是在综合集成方法的基础上，通过综合集成一切的思想、理论、技术、方法和实践经验的智慧积累等手段，把系统从不满意状态提升到满意状态，实现系统性能的整体提升。

　　综合提升方法包括综合集成和综合提升两个过程，从数据出发，综合集成过程主要包含数据的获取、融合、建模、优化等全生命链数据处理过程；综合提升过程则根据综合集成的结果，对交通发展进行科学的管理、决策、规划、调度，对资源进行科学优化配置。经过综合提升过程，资源得到优化配置，将会产生出新的数据，需要再次进行综合集成和综合提升，反复执行以上过程，直到达到实现智慧的满意状态为止。

4.2.3 非线性数据应用理论

随着各种语音、视频、图像等数据的不断增加，非线性数据量也随之增大，数据间的非线性数据关系越来越复杂，非线性数据应用变得越来越重要。非线性平稳信号处理的方法如下，希尔伯特变换方法是处理非线性平稳信号的有效方法，通过经验模态分解可将非线性信号进行有效分解，得到多个线性信号；而通过对线性信号的有效建模，可以得到线性信号的有效应用，再通过加和的方法可以得到非线性信号的应用结果。通过以上非线性信号应用，探索非线性数据应用的基本原理，即非线性数据集通过转换可得到 N 个线性数据集，通过对每个线性数据集建模应用，可以得到 N 个线性数据应用，再通过集成实现非线性数据应用。按照以上方法，可实现对非线性数据的有效应用。

第5章
数据技术

技术是数据价值体现的手段和发展的基石。数据技术是指从各类数据中快速获得用于应用服务的有价值信息的技术，涵盖数据采集、传输、存储、分析、挖掘、融合和应用全生命周期过程所用到的所有技术及方法。这些技术既包括实现数据全生命周期应用过程中某一环节的关键技术，又包括全生命周期应用过程所需要的集成技术。本章将围绕关键技术和集成技术进行展开。

5.1 关键技术

数据技术中的关键技术主要包括数据的获取技术、传输技术、存储技术、处理技术和应用技术。每个关键技术都是由稳定的队伍、超前的理念、科学的流程以及工艺、设备、配件、原材料、实验室技术、基础理论、中试、工艺样机生产等构成的有机整体相互作用所产生。本节将围绕这些关键技术进行展开论述。

5.1.1 获取技术

数据获取是数据全生命周期过程的第一个基本环节，是数据的来源渠道，全面、及时、准确、高效、多元化获取数据是数据应用的保障。数据获取技术主要包括数据感知技术、遥感技术、遥测技术、开源数据获取技术等，本节围绕感知技术和开源数据获取两个数据的主要来源进行展开。

5.1.1.1 感知技术

感知技术的核心是传感器技术，传感器处于观测对象和测控系统的接口位置，是感知、获取和监测信息的窗口，如果说计算机是人类大脑的扩展，那么传感器就是人类五官的延伸，有人形象地称传感器为"电五官"（马建，2011）。传感器技术是半导体技术、测量技术、计算机技术、信息处理技术、微电子学、光学、声学、精密机械、仿生学和材料科学等众多学科相互交叉的综合性和高新技术密集型的前沿研究之一，是现代新技术革命和信息社会的重要基础，与通信技术、计算机技术共同构成信息产业的三大支柱，是数据的重要来源。

追溯全球传感器产业的起源，都是从工业自动化开始的。从20世纪70年代开始，为了提高工业生产和制造效率，人们开始尝试通过中央控制室控制各个生产节点上的参量，包括流量、物位、温度和压力四大参数，从而催生了传感器这一科学仪器。在传感器概念出现之前，早期的传感器是以整套仪器中的一个部件的形式出现。可以这样认为，传感器概念的出现其实是测量仪器逐步走向模块化的结果。

传感器的工作原理。传感器由敏感元件和转换元件组成，敏感元件是指传感器中能直接感受或响应被测量的部分，而转换元件是指传感器中将敏感元件感受或响应的被测量部分转换成适于传输或测量电信号的部分。一般这些输出信号都很微弱，因此需要有信号调理与转换电路将其放大、调制等。目前随着半导体技术的发展，传感器的信号调理与转换电路可以和敏感元件一起集成在同一芯片上。传感器种类繁多，可按不同的标准分类。按外界输入信号转换为电信号时采用的效应分类，可分为物理、化学和生物传感器；按输入量分类，可分为温度、湿度、压力、位移、速度、加速度、角速度、力、浓度、气体成分传感器等；按工作原理分类，可分为电容式、电阻式、电感式、压电式、热电式、光敏、光电传感器等。表5-1 给出了常见的分类方法。

表 5-1　传感器分类方法

分类方法	传感器类型	描述
按输入量分类	温度传感器、湿度传感器、压力传感器、浓度传感器、加速度传感器等	以被测量类型命名,包括物理量、生物量等
按输出信号分类	模拟传感器、数字传感器、膺数字传感器、开关传感器	以输出信号的类型命名
按工作原理分类	电阻应变式传感器、电容式传感器、电感式传感器、光电式传感器、热电式传感器、光敏式传感器	以传感工作原理命名
按敏感材料分类	半导体传感器、陶瓷传感器、光导纤维传感器、高分子材料传感器、金属传感器	以制造传感器的材料命名
按能量关系分类	能量转换型传感器	也称换能器,直接将被测非电量转换为电能量
	能量控制型传感器	由外部供给能量,被测非电量控制输出电能量

传感器的性能指标。传感器在稳态信号作用下,其输入输出关系称为静态特性。衡量传感器静态特性的重要指标是线性度、灵敏度、重复性、迟滞、分辨率和漂移。

当前,在全球范围内,新材料的运用和成本的不断降低,给中国企业发展传感器产业实现迎头赶超提供了最好的契机。原子材料、纳米材料等使得传感器在电器、机械以及物理性能方面表现更为突出,展现出更强的灵敏性。集成化、小型化使更多的功能被集成在一起,应用更宽广、通用性更强。传感器技术及工艺的不断成熟与发展,使生产成本降低,这些都在客观上促进了全球传感器产业的飞速发展。未来,传感器必将在更多的领域取得新的应用,从而彻底改变人类的生产生活方式。今后的传感器技术将会朝着小型化、集成化、网络化、智能化方向发展,加强制造工艺和新型传感器的开发,使主导产品达到和接近国外同类产品水平,中国制造正当其时。

5.1.1.2 互联网开源数据获取技术

互联网是数据的一个主要源头，全球互联网数据的总存储量已经远远超过 10 万亿 GB 的规模，开源数据获取技术是当前互联网大数据获取的重点。抓取网站数据的程序被称为"爬虫"，涉及协议优化、网络对抗、并行处理、数据队列等因素。

当前十大开源技术包括：①Apache HBase 技术，这个大数据管理平台建立在谷歌强大的 BigTable 管理引擎基础上。作为具有开源、Java 编码、分布式多个优势的数据库，Hbase 最初被设计应用于 Hadoop 平台，而这一强大的数据管理工具，也被 Facebook 采用，用于管理消息平台的庞大数据。②Apache Storm 技术，用于处理高速、大型数据流的分布式实时计算系统。Storm 为 Apache Hadoop 添加了可靠的实时数据处理功能，同时还增加了低延迟的仪表板、安全警报，改进了原有的操作方式，帮助企业更有效率地捕获商业机会、发展新业务。③Apache Spark 技术，采用内存计算，从多迭代批量处理出发，允许将数据载入内存做反复查询，此外还融合数据仓库、流处理和图计算等多种计算范式，Spark 用 Scala 语言实现，构建在 HDFS 上，能与 Hadoop 很好的结合，而且运行速度比 MapReduce 快 100 倍。④Apache Hadoop 技术，迅速成为大数据管理标准之一。当它被用来管理大型数据集时，对于复杂的分布式应用，Hadoop 体现出了非常好的性能，平台的灵活性使它可以运行在商用硬件系统，它还可以轻松地集成结构化、半结构化甚至非结构化数据集。⑤Apache Drill 技术，能够轻松应对各种各样大的数据集，通过支持 HBase、Cassandra 和 MongoDB，Drill 建立了交互式分析平台，允许大规模数据吞吐，而且能很快得出结果。⑥Apache Sqoop 技术，可以将数据从关系数据库系统方便地转移到 Hadoop 中，可以自定义数据类型以及元数据传播的映射。⑦Apache Giraph 技术是功能强大的图形处理平台，具有很好的可扩展性和可用性。该技术已经被 Facebook 采用，Giraph 可以运行在 Hadoop 环境中，可以将它直接部署到现有的 Hadoop 系统中。通过这种方式可以得到强大的分布式作图能力，同时还能利用现有的大数据处理引擎。⑧Cloudera Impala 技术，Impala 模型也可以部署在现有的 Hadoop 群集上，监视所有的查询。该技术和 MapReduce 一样，具有强大的批处理能力，而且 Impala 对于实时的 SQL 查询也有很好的效果，通过高效的 SQL 查询，可以很快地了解到大数据平台上的数据。⑨Gephi 技术，它可以用来对信息进行关联和量化处理，通过为数据创建功能强大的可视化效果，可以从数据中得到不一样的洞察力。Gephi 已经支持多个图表类型，而且可以在具有上百万个节点的大型网络上运行。Gephi 具有活跃的用户社区，Gephi 还提供了大量的插件，可以和现有系统完美的集成到一起，它还可以对复杂的 IT 连接、分布式系统中各个节点、数据流等信息进行可视化分析。⑩MongoDB 技术，在大数据管理上有极好的性能。MongoDB 最初是由 DoubleClick 公司的员工创建，现在该技术已经被广泛地应用于大数据管理。MongoDB 是一个应用开源技术开发的 NoSQL 数据库，可以用于在 JSON 这样的平台上存储和处理数据。目前，纽约时报、Craigslist 以及众多企业都采用了 MongoDB 技术来管理大型数据集。

5.1.2　传输技术

传输技术是利用不同信道的传输能力构成一个完整的传输系统，使信息得以可靠传输的技术，有效性和可靠性是信道传输性能的两个主要指标。传输系统是通信系统的重要组成部分，传输技术主要依赖于具体信道的传输特性。传输信道分为有线信道和无线信道。数据传输特性以及传输质量取决于传输介质的性质和传输信号。其中，有线传输中的光纤传输技术和无线传输中的无线移动通信技术是当前应用最为广泛及未来一段时期最重要的两种传输技术。

5.1.2.1　有线数据传输技术

有线传输介质主要有双绞线、同轴电缆和光纤。双绞线和同轴电缆传输电信号，光纤传输光信号。据工信部给出的数据显示，2015 年全国已经有 65.8% 的宽带用户用上 8MB，近 1/3 的用户带宽超过 20MB，而明年这个数据还会增加。中国信息通信研究院给出的公告显示，2016 年中国将成为全球最大的"光纤国家"，远远超过了日本、韩国，其中光纤宽带网络用户占比将达到 70% ~75%[1]。

光纤的发明为通信作出历史性贡献。1966 年美籍华人高琨先生理论上证明了光纤的传输能力，20 世纪 70 年代后期光纤通信进入商用，实际传输能力几乎按照 10 年千倍的速度在提升。采用数字时分复用技术，光纤单波长商用可传送的最高速率目前为 100Gbps，在此基础上再利用波分复用技术，可同时传送 160 个波长，单纤的传输容量达到 16Tbps，等效 2 亿条电话信道。光纤不仅在干线网也在接入网广发使用，百兆到户在技术上已不是问题。随着技术的不断提升，光纤网络覆盖全国，解决了入户"最后一公里"的难题，为宽带提速降费的施行消除一大阻碍。

5.1.2.2　无线数据传输技术

无线传输介质指我们周围的自由空间。利用无线电波在自由空间的传播可以实现多种无线通信。在自由空间传输的电磁波根据频谱可将其分为无线电波、微波、红外线、激光等，信息被加载在电磁波上进行传输。充分利用不同信道的传输能力，使信息得到可靠传输。随着无线技术的日益发展，无线传输技术越来越被各行各业所接受。无线数据传输技术包括超宽带（ultra wide band，UWB）技术其是一种新型的无载波通信技术，它不采用正弦载波，而是利用纳秒至微微秒级的非正弦波窄脉冲传输数据，因此其所占的频谱范围很宽，具有 GHz 量级。UWB 可在非常宽的带宽上传输信号，美国 FCC 对 UWB 的规定为：在 3.1 ~10.6GHz 频段中占用 500MHz 以上的带宽。超宽带技术解决了困扰传统无线技术多年的有关传播方面的重大难题，由于 UWB 可以利用低功耗、低复杂度发射/接收机实现高速数

---

① 环球网. 2015-12-29. 中国将成全球最大光纤国家. http://tech. huanqiu. com/comm/2015-12/8278115. html [2016-01-10].

据传输，从而在近年来得到迅速发展。它在非常宽的频谱范围内采用低功率脉冲传送数据而不会对常规窄带无线通信系统造成大的干扰，并可充分利用频谱资源。基于 UWB 技术而构建的高速率数据收发机有着广泛的用途，从无线局域网到 Ad hoc 网络，从移动 IP 计算到集中式多媒体应用等。UWB 技术具有系统复杂度低，发射信号功率谱密度低，对信道衰落不敏感，低截获能力，定位精度高等优点，尤其适用于室内等密集多径场所的高速无线接入，非常适于建立一个高效的无线局域网或无线个域网（WPAN）。

无线保真（wireless-fidelity，Wi-Fi）技术是一种可以将个人电脑、手持设备（如 pad、手机）等终端以无线方式互相连接的技术。几乎所有智能手机、平板电脑和笔记本电脑都支持无线保真上网，是当今使用最广的一种无线网络传输技术。实际上就是把有线网络信号转换成无线信号。使用无线路由器供支持其技术的相关电脑、手机、平板等接收，手机如果有无线保真功能的话，在有 Wi-Fi 无线信号的时候就可以不通过移动联通的网络上网，省掉了流量费。无线上网在大城市比较常用，虽然由无线保真技术传输的无线通信质量不是很好，数据安全性能比蓝牙差一些，传输质量也有待改进，但传输速度非常快，可以达到 54Mbps，符合个人和社会信息化的需求。无线保真最主要的优势在于不需要布线，可以不受布线条件的限制，因此非常适合移动办公用户的需要，并且由于发射信号功率低于100mW，低于手机发射功率，所以无线保真上网相对也是最安全健康的。

蓝牙技术是一种无线数据与语音通信的开放性全球规范，其实质内容是为固定设备或移动设备之间的通信环境建立通用的无线电空中接口，将通信技术与计算器技术进一步结合起来，使各种 3C（communication，computer，consumer）设备在没有电线或电缆相互连接的情况下，能在近距离范围内实现相互通信或操作，是一种低成本、低功率无线技术。其传输频段为全球公众通用的 2.4GHz ISM 频段，提供 1Mbps 的传输速率和10～100m 的传输距离。

5.1.3　存储技术

面对海量复杂的数据，存储技术面临着前所未有的挑战。存储、计算、网络是信息产业发展的三大基石，为了便于数据查询、分析与计算，数据存储应该更加科学、合理、高效。

5.1.3.1 存储虚拟化技术

存储虚拟化技术就是通过映射或抽象的方式屏蔽物理设备复杂性，增加一个管理层面，激活一种资源并使之更易于透明控制。它可以有效简化基础设施的管理，增加 IT 资源的利用率和能力，如服务器、网络或存储。典型的虚拟化包括如下一些情况：屏蔽系统的复杂性，增加或集成新的功能，仿真、整合或分解现有的服务功能等。虚拟化是作用在一个或者多个实体上的，而这些实体则是用来提供存储资源或/及服务的。存储虚拟化的思想是将资源的逻辑映像与物理存储分开，从而为系统和管理员提供一幅简化、无缝的资源虚拟视图。对于用户来说，虚拟化的存储资源就像是一个巨大的"存储池"，用户不会看到具体的磁盘、磁带，也不必关心自己的数据经过哪一条路径通往哪一个具体的存储设备。从管理的角度来看，虚拟存储池是采取集中化的管理，并根据具体的需求把存储资源动态地分配给各个应用。在当今的企业运行环境中，数据增长的速度非常之快，而企业管理数据能力的提高速度总是远远落在其数据增长后面。通过虚拟化，许多既消耗时间又多次重复的工作，如备份/恢复、数据归档和存储资源分配等，可以通过自动化的方式来进行，大大减少了人工作业。因此，通过将数据管理工作纳入单一的自动化管理体系，存储虚拟化可以显著地缩短数据增长速度与企业数据管理能力之间的差距。

同时，只有网络级的虚拟化，才是真正意义上的存储虚拟化。它能将存储网络上的各种品牌的存储子系统整合成一个或多个可以集中管理的存储池（存储池可跨多个存储子系统），并在存储池中按需要建立一个或多个不同大小的虚卷，并将这些虚卷按一定的读写授权分配给存储网络上的各种应用服务器。这样就达到了充分利用存储容量、集中管理存储、降低存储成本的目的。

5.1.3.2　分布式存储技术

分布式处置系统可以将差别地点或具有差别功能或拥有差别数据的多台计算机用通信网络连接起来，在控制系统的统一治理控制下，协调完成信息处置任务——这就是分布式处置系统的定义流，文件系统、可视化效果等谷歌公司从横向进行扩展，通过采用廉价的计算机节点集群，改写软件，使之能够在集群上进行执行，解决海量数据的存储和检索功能。谷歌公司大数据处理的几个关键技术为：谷歌文件系统 GFS、MapReduce、Bigtable 和 BigQuery。再以 Hadoop（雅虎）为例进行说明，Hadoop 是一个实现了 MapReduce 模式的能够对大量数据进行分布式处置的软件框架，是以一种可靠、高效、可伸缩的方式进行处置的。而 MapReduce 是谷歌提出的一种云计算的焦点计算模式，是一种分布式运算技术，也是简化的分布式编程模式，MapReduce 模式的主要思想是将自动支解要执行的问题（例如程序）拆解成 "map"（映射）和 "reduce"（化简）的方式，在数据被支解后通过 map 函数的程序将数据映射成差别的区块，分配给计算机机群处置到达分布式运算的效果，再通过 Reduce 函数的程序将结果汇整，从而输出开发者需要的结果。再来看看 Hadoop 的特性，第一，它是可靠的，由于它假设计算元素和存储会失败，因此它维护多个工作数据副本，确保能够针对失败的节点重新分布处置。其次，Hadoop 是高效的，由于它以并行的方式工作，通过并行处置加速处置速度。Hadoop 还是可伸缩的，能够处置 PB 级数据。此外，Hadoop 依赖于社区服务器，因此它的成本比较低，任何人都可以使用。

5.1.4　处理技术

对于数据应用来说，存储后的数据往往存在不准确、不完备等问题，还需经过数据分析、挖掘、融合技术等数据处理技术，为数据应用做好充分的准备。

常用的数据分析技术包括数据挖掘和机器学习技术，特别是网络数据挖掘、图挖掘等新型挖掘技术，融合技术主要包括基于对象的数据连接、相似性连接等，而用户兴趣分析、网络行为分析、情感语义分析等是当前面向领域的数据挖掘技术的研究热点和难点。

数据挖掘的定义是从大量的、不完全的、有噪声的、有模糊的、随机的实际应用数据中，提取隐含的、预先不知道但又是潜在的有用信息和知识的过程。数据挖掘的技术方法很多，根据挖掘的任务可分为分类或预测模型发现、数据总结、聚类、关联规则发现、序列模式发现、依赖关系或依赖模型发现、异常和趋势发现等方法，根据挖掘的对象可分为关系数据库、面向对象数据库、空间数据库、时态数据库、文本数据库、多媒体数据库、异常数据库、遗产数据库以及环球网 Web 等方法，根据挖掘的方法可分为机器学习方法、统计方法、神经网络方法和数据库方法。这些方法又可以细分，如机器学习方法可细分为归纳学习方法（如决策树、规则归纳等）、基于范例学习、遗传算法等；统计方法也可细分为回归分析（多元回归、自回归等）、判别分析（贝叶斯判别、费歇尔判别、多参数判别等）、聚类分析（系统聚类、动态聚类等）、探索性分析（多元分析法、相关分析法等）等；神经网络方法可细分为前向神经网络（BP 算法等）、自组织神经网络（自组织特性映射、竞争学习等）等；数据库方法主要是多维数据分析或 OLAP 方法及面向属性的归纳方法。从挖掘和融合的任务、方法角度，主要实现以下 5 个方面的突破：①可视化分析，数据可视化是基本的功能，数据图像化实现让数据说话，将机器语言翻译给人看，为用户提供直观的感受结果。②数据挖掘算法，是将机器的母语，分割、集群、孤立点分析，还有各种各样五花八门的算法让我们精炼数据，挖掘数据价值，并提高数据处理速度。③预测性分析，需要分析师根据图像化分析和数据挖掘的结果做出一些前瞻性的判断。④语义引擎，设计需要有足够的人工智能，实现从数据中主动提取信息。语言处理技术包括机器翻译、情感分析、舆情分析、智能输入、问答系统等。⑤数据质量和管理，透过标准化流程及机器对数据进行处理，以确保获得一个预设质量的分析结果。

5.1.5　应用技术

数据通过有效获取、传输、存储和处理后，已经具备很高的价值，但还需根据实际应用进行系统建模、趋势预测、综合评估、风险分析等，实现准确预测、高效监测、高效服务、流程优化及便捷服务。

数据应用技术能够将隐藏于海量数据中的信息和知识挖掘出来，为人类的社会和经济活动提供依据，从而提高各个领域的运行效率，提高整个社会的集约化程度。中国数据应用主要围绕商业智能、政府决策、公共服务3个方面，目前已经在以下9个领域得到最为广泛的应用：理解、满足客户服务需求，业务流程的全面优化、改善人们的生活、提高医疗和研发、提高体育成绩、优化机器和设备性能、改善安全和执法、改善城市管理、金融交易。随着数据应用的普及，将会涌现出越来越多的数据应用领域和形式。

5.2　提　升　技　术

随着数据技术的不断发展与应用，必然会走向全面集成时代，数据集成是数据发展的必然趋势。从数据的采集、获取、处理、融合、应用、决策再到产生具有价值的新数据的全生命周期过程，所用到的所有技术、方法，需要运用钱学森等提出的从定性到定量的综合集成方法，通过集成技术构建完整高效的集成技术体系和综合提升体系，实现运用高效的技术方法挖掘数据的最大价值，发挥数据的最大效用。同时，还包括实现从数据原型到支撑管理决策的最优状态的数据集成技术、实现系统从当前的不满意状态提升到满意状态的数据提升技术，以及非结构化数据的处理、海量数据的存储和实时快速访问、数据的分布式采集和交换、统计分析与挖掘和商务智能分析等核心技术。

5.2.1 数据集成技术

数据集成技术是数据从获取到发挥价值的过程中，所用到的所有的技术、方法的集合，而这些技术、方法完全是根据数据的实际特征，将现有的技术、方法进行改进或直接应用，最终形成一套支撑管理决策的完整的技术方法体系。

完整的数据集成体系如图 5-1 所示，包括数据归集、数据处理、数据应用及决策支持 4 部分，以数据中心及云平台为基础实现数据实时交互。数据归集部分主要包括数据的完备采集、有效传输、高效存储等关键技术，数据处理部分包括数据关联分析、深度挖掘、多元融合等关键技术，数据应用包括建模仿真、预测估计、服务优化等关键技术，决策支持部分包括决策定位、决策分析、智能决策等关键技术。在整个数据综合集成的过程中，采用"人机结合、以人为主"的综合集成研讨厅的形式进行实践，对每个技术进行严控把关，实现数据从原型到模型再到发挥效用的转换，为科学管理、决策及优化配置提供支撑。

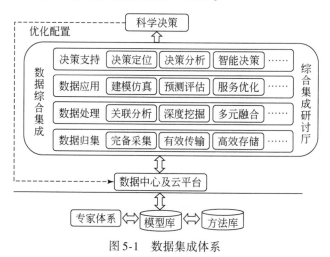

图 5-1　数据集成体系

5.2.2 数据提升技术

在综合集成方法的基础上，薛惠锋提出从综合集成到综合提升的系统工程方法（简称"综合提升方法"）。其定义为：在从定性到定量的综合集成方法的基础上，综合集成一切的思想、理论、技术、方法和实践经验的智慧积累等手段，把系统从不满意状态提升到满意状态，实现系统性能的整体提升。

数据提升体系是在现有系统的基础上，以数据为载体，通过一切的思想、技术、方法和实践经验等手段，将系统从当前的不满意状态全面提升到最终的满意状态，实现最终的目标，此方法更适合长期的目标或规划。数据提升体系如图 5-2 所示，包含综合集成的过程，数据包含系统内部及外部相关数据，此外，还需从系统角度，保证系统有序、健康的发展，还需运用系统论的相关知识，从系统发育、系统演变及系统突变等方面保障系统平衡发展，对系统整体状态进行把控，使系统状态呈现阶段性提升，反复执行这个过程，直到系统达到满意的目标状态为止。

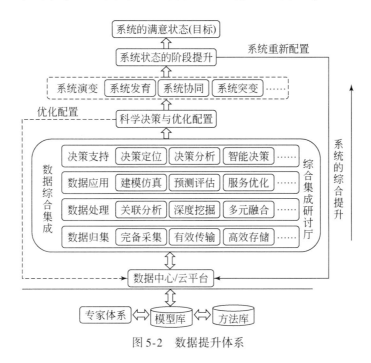

图 5-2　数据提升体系

第6章
数 据 工 程

　　数据在突破理论研究与技术实现之后，应转入到工程应用之中，发挥其价值和作用。数据工程就是数据应用示范与支撑服务的工程实践，包含数据开放共享、科学管理决策等的政府治理工程和洞察民生需求、智慧城市建设等的民生服务工程。通过数据多元化、多次化的工程应用，能够提高国家的运行效率和人民的生活质量，确保经济增长和国家安全。

6.1　数据开放共享工程

　　数据的开放共享是数据应用的前提条件。西方主要发达国家都将其政府数据开放作为国家战略推动，借助政府数据开放，美国的医疗服务业节省 3000 亿美元，制造业在产品开发、组装等环节节省 50% 的成本。数据应用的最主要特征是其全面性、开放性，数据共享开放是大势所趋、人心所向。

6.1.1　互惠共赢的数据开放共享模式

　　中国数据开放共享还面临着许多问题。例如，很多政府部门担心增加工作负担，甚至顾忌数据披露会暴露管理中的不足，因而主动性不强；相关数据安全、隐私保护法律、机制不健全，缺乏统一数据开放标准，地方政府和垂直系统各自为战，造成新的"开放的数据孤岛"。因此，迫切需要一种既均衡各方利益、又合理可行的数据开放共享模式。

本章提出建立互惠共赢的数据开放共享模式，该模式由政府主导，按照先易后难、分步实施的原则，建立统一的互惠共赢数据开放共享平台，将政府拥有的数据、资源行业所持的数据及互联网开源数据等数据资源进行统筹，鼓励政府、企业或个人向该平台贡献数据，实行贡献补偿办法，即政府相关部门及企业或个人向平台贡献多少数据将会得到相应数据的使用权，政府自身拥有的数据在不影响国家安全的前提下，实现全面开放共享，该模式将激励政府、企业及个人开放、贡献数据的主动性和积极性，使数据拥有机构对开放数据的心态向全心全意公布其庞大数据宝藏方向转变，有助于推进数据的进一步共享、共用和开放。

政府主导的开放数据平台，为各个管理机构、企业和个人带来巨大的利益，这些利益包括直接的经济成本节约和自主服务。开放数据平台的价值不仅是数据索引或数据门户，而是公共数据所揭示的投资回报。在技术领域，平台提供允许开发和操作的应用环境，即提供应用编程接口（API）服务。本平台包含公共 API、私有 API 及同步 API 三个不同的应用环境（图6-1）。这些 API 允许企业和大众开发者通过编程方式获取数据并发展创新应用价值。公共 API 主要为教育、医疗、文化、体育、商业、金融、社区、市政、交通等公共服务。随着数据量的增加，平台的价值也随着增加，反之，数据量减少，平台的价值也将随之减少。私有 API 主要提供小型应用、内部协作、组合应用及优化配置等政府、企业及个人应用。同步 API 主要包括管理数据、交换数据、空间数据、互联网数据实时、同步交换与共享。该平台通过分析、过滤、共享、转换、安全、可视化、解压、清洗、备份、调度等功能，对数据进行全面整合。其中，调度功能是平台的核心，通过对不同需求的调度和统一监控，可有效地整合数据资源，全方位满足用户需要。该数据共享平台将打造精准治理、多方协作的社会治理新模式。

当政府拥有开放数据，他们将利用其潜在的价值实现信息和服务现代化。开放数据是从陈旧的记事板系统及封闭的应用中将数据解放出来，开放数据包括从业务系统中解放出来的表格数据、地理空间数据、非结构化内容和实时数据，这些作为重要的战略资产将被高价值有效利用且重复使用。国家每年投入大量人力、物力、财力在不必要的基础设施、数据维护、冗余接口等方面的建设上，利用现代化的平台来管理信息流，并能进行快速而廉价的部署服务。数据开放平台是一个双向共赢的平台，政府、企业、机构或个人在向平台输送数据信息的同时，将从平台高效率、低成本地获取所需要的数据信息。

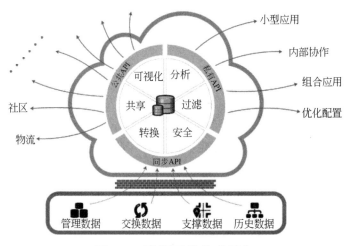

图 6-1　数据开放共享平台

政府统一开放平台，将推进政府和公共部门数据资源统一汇聚和集中向社会开放，实现面向社会的政府数据资源一站式开放服务。统一平台将加强数据资源的国家统筹管理，优先开放相关领域数据。同时，为了有序推动互惠共赢的数据开放共享模式，制定政府数据开放计划非常必要。建立安全责任机制，落实部门数据开放和维护责任，明确各部门数据开放的时间节点和路线图。将优先推进与民生保障服务相关的信用、交通、医疗、卫生、就业、社保、地理、文化、教育、科技、环境、金融、统计、气象等领域政府数据向社会开放。

6.1.2 分散资源的深度整合

结合国家信息化工程建设，统筹政务数据资源和社会数据资源，布局国家大数据平台、数据中心等基础设施。加快完善国家人口基础信息库、法人单位信息资源库、自然资源和空间地理基础信息库等基础信息资源和健康、就业、社保、能源、信用、统计、质量、国土、农业、城乡建设、企业登记监管等重要领域信息资源，加强与社会大数据的汇聚整合和关联分析，推动国民经济动员大数据应用，加强军民信息资源共享。充分利用现有企业、政府等数据资源和平台设施，注重对现有数据中心及服务器资源的改造和利用，建设绿色环保、低成本、高效率、基于云计算的大数据基础设施和区域性、行业性数据汇聚平台，避免盲目建设和重复投资，加强对互联网重要数据资源的备份及保护。

6.1.2.1 各类信息平台的整合

随着大数据时代来临，信息管理对中小企业生存的重要作用逐渐凸显出来，如何跨越信息孤岛，打破部门之间的联动壁垒，实现高效沟通的信息系统全面整合，成为决定其市场地位的关键点之一。

在国内，许多中小企业发展的局限性在于发展初期资金不足，IT 基础薄弱甚至忽略 IT，仅随着市场发展才逐渐引入信息化管理体系；其次，由于信息系统分散搭建，各部门之间互相孤立，信息不能有效沟通，使得企业发展大受掣肘；即便是有些企业意识到了整合信息系统的重要性，但是碍于巨大的投资压力，所以并不敢轻易尝试。最终，许多企业因此走入了"信息孤岛"的困境，信息管理混乱，影响企业进一步发展。

为了提供给客户一个完整可靠的综合信息化解决方案，联晋所有的整合技术均基于全球顶尖 IT 供应商的架构平台，如微软、思杰、戴尔、思科等。凭借多年积累的技术实力与服务经验，业已获得微软金牌能力合作伙伴、思杰大陆地区银牌合作伙伴、戴尔全球商业合作伙伴及新浪企业邮箱广东省客户服务中心等资质，为企业信息化解决方案的成功交付奠定扎实基础。

整合各类政府信息平台和信息系统。严格控制新建平台，依托现有平台资源，在地市级以上（含地市级）政府集中构建统一的互联网政务数据服务平台和信息惠民服务平台，在基层街道、社区统一应用，并逐步向农村特别是农村社区延伸。除国务院另有规定外，原则上不再审批有关部门、地市级以下（不含地市级）政府新建孤立的信息平台和信息系统。到2018年，中央层面构建形成统一的互联网政务数据服务平台；国家信息惠民试点城市实现基础信息集中采集、多方利用，实现公共服务和社会信息服务的全人群覆盖、全天候受理和"一站式"办理。

6.1.2.2 互联网数据中心（IDC）的整合

IDC为互联网内容提供商（ICP）、企业、媒体和各类网站提供大规模、高质量、安全可靠的专业化服务器托管、空间租用、网络批发带宽以及ASP、EC等业务。IDC是对入驻（hosting）企业、商户或网站服务器群托管的场所，是各种模式电子商务赖以安全运作的基础设施，也是支持企业及其商业联盟（其分销商、供应商、客户等）实施价值链管理的平台。

整合分散的数据中心资源。充分利用现有政府和社会数据中心资源，运用云计算技术，整合规模小、效率低、能耗高的分散数据中心，构建形成布局合理、规模适度、保障有力、绿色集约的政务数据中心体系。统筹发挥各部门已建数据中心的作用，严格控制部门新建数据中心。开展区域试点，推进大数据综合试验区建设，促进区域性大数据基础设施的整合和数据资源的汇聚应用。

6.1.2.3 基于虚拟化的数据中心整合

在计算机中，虚拟化（virtualization）是一种资源管理技术，是将计算机的各种实体资源，如服务器、网络、内存及存储等，予以抽象、转换后呈现出来，打破实体结构间的不可切割的障碍，使用户可以比原本的组态更好的方式来应用这些资源。这些资源的新虚拟部分不受现有资源的架设方式、地域或物理组态所限制。一般所指的虚拟化资源包括计算能力和资料存储。通过虚拟化整合数据中心，可减少物理基础架构的成本，减少数据中心的运营成本，提高生产率、运营灵活性和响应度。

将存储资源虚拟成一个"存储池"，这样做的好处是把许多零散的存储资源整合起来，从而提高整体利用率，同时降低系统管理成本。与存储虚拟化配套的资源分配功能具有资源分割和分配能力，可以依据"服务水平协议"（service level agreement，SLA）的要求对整合起来的存储池进行划分，以最高的效率、最低的成本来满足各类不同应用在性能和容量等方面的需求。特别是虚拟磁带库，对于提升备份、恢复和归档等应用服务水平起到了非常显著的作用，极大地节省了企业的时间和金钱。除了时间和成本方面的好处，存储虚拟化还可以提升存储环境的整体性能和可用性水平，这主要是得益于"在单一的控制界面动态地管理和分配存储资源"。

6.1.3　开放共享平台的云支撑

政府在整合各类社会数据资源，统筹发挥各个部门或企业已建立的数据中心的作用的同时，将严格控制各个有关部门及企业新建数据中心，并运用云计算技术，整合规模小、效率低、能耗高的分散数据中心，构建形成布局合理、规模适度、保障有力、绿色集约的数据中心体系。数据中心体系对海量数据的存储提出了巨大挑战，不仅要求存储设备具有巨大的存储容量，还需要具有灵活性、便捷性、安全性、可操作性等存储特性，云存储是当前公认的最佳存储方式。

云存储的第一个涵义是网络，最早我们通过云的图示表示网络，这是云存储的由来。云存储包括虚拟化存储提供一个存储池，屏蔽后台所有的细节，提供传统存储难以实现的按需服务。云存储是在云计算概念上的延伸和发展，是指通过集群应用、网络技术或分布式文件系统等功能，将网络中大量各种不同类型的存储设备通过应用软件集合起来协同工作，共同对外提供数据存储和业务访问功能的一个系统，云存储是一个以数据存储和管理为核心的云计算系统，图6-2为云存储原理图。

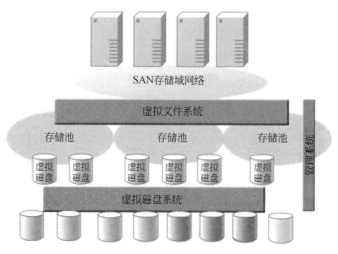

图6-2　云存储原理图

　　云计算是一种以数据和处理能力为中心的密集型计算模式，它融合了多项信息通信技术，是传统技术"平滑演进"的产物。其中以虚拟化技术、分布式数据存储技术、编程模型、大规模数据管理技术、分布式资源管理、信息安全、云计算平台管理技术、绿色节能技术最为关键。

　　虚拟化是云计算最重要的核心技术之一，它为云计算服务提供基础架构层面的支撑，是ICT服务快速走向云计算的最主要驱动力。可以说，没有虚拟化技术也就没有云计算服务的落地与成功。随着云计算应用的持续升温，业内对虚拟化技术的重视也提到了一个新的高度。很多人对云计算和虚拟化的认识都存在误区，认为云计算就是虚拟化。事实上并非如此，虚拟化是云计算的重要组成部分但不是全部。从技术上讲，虚拟化是一种在软件中仿真计算机硬件，以虚拟资源为用户提供服务的计算形式。旨在合理调配计算机资源，使其更高效地提供服务。它把应用系统各硬件间的物理划分打破，从而实现架构的动态化，实现物理资源的集中管理和使用。虚拟化的最大好处是增强系统的弹性和灵活性，降低成本、改进服务、提高资源利用效率。从表现形式上看，虚拟化又分两种应用模式。一是将一台性能强大的服务器虚拟成多个独立的小服务器，服务不同的用户。二是将多个服务器虚拟成一个强大的服务器，完成特定的功能。这两种模式的核心都是统一管理，动态分配资源，提高资源利用率。在云计算中，这两种模式都有比较多的应用。

云计算的另一大优势就是能够快速、高效地处理海量数据。在数据爆炸的今天，这一点至关重要。为了保证数据的高可靠性，云计算通常会采用分布式存储技术，将数据存储在不同的物理设备中。这种模式不仅摆脱了硬件设备的限制，同时扩展性更好，能够快速响应用户需求的变化。分布式存储与传统的网络存储并不完全一样，传统的网络存储系统采用集中的存储服务器存放所有数据，存储服务器成为系统性能的瓶颈，不能满足大规模存储应用的需要。分布式网络存储系统采用可扩展的系统结构，利用多台存储服务器分担存储负荷，利用位置服务器定位存储信息，它不但提高了系统的可靠性、可用性和存取效率，还易于扩展。

在当前的云计算领域，谷歌的 GFS 和 Hadoop 开发的开源系统 HDFS 是比较流行的两种云计算分布式存储系统。GFS（Google file system）技术，谷歌的非开源的 GFS 云计算平台满足大量用户的需求，并行地为大量用户提供服务。使得云计算的数据存储技术具有了高吞吐率和高传输率的特点。HDFS（Hadoop distributed file system）技术，大部分 ICT 厂商，包括 Yahoo、Intel 的"云"计划采用的都是 HDFS 的数据存储技术。未来的发展将集中在超大规模的数据存储、数据加密和安全性保证，以及继续提高 I/O 速率等方面。

从本质上讲，云计算是一个多用户、多任务、支持并发处理的系统。高效、简捷、快速是其核心理念，它旨在通过网络把强大的服务器计算资源方便地分发到终端用户手中，同时保证低成本和良好的用户体验。在这个过程中，编程模式的选择至关重要。云计算项目中分布式并行编程模式将被广泛采用。

分布式并行编程模式创立的初衷是更高效地利用软、硬件资源，让用户更快速、更简单地使用应用或服务。在分布式并行编程模式中，后台复杂的任务处理和资源调度对于用户来说是透明的，这样用户体验能够大大提升。MapReduce 是当前云计算主流并行编程模式之一。MapReduce 模式将任务自动分成多个子任务，通过 Map 和 Reduce 两步实现任务在大规模计算节点中的高度与分配。MapReduce 是谷歌开发的 Java、Python、C++ 编程模型，主要用于大规模数据集（大于 1TB）的并行运算。MapReduce 模式的思想是将要执行的问题分解成 Map（映射）和 Reduce（化简）的方式，先通过 Map 程序将数据切割成不相关的区块，分配（调度）给大量计算机处理，达到分布式运算的效果，再通过 Reduce 程序将结果汇整输出。

处理海量数据是云计算的一大优势。如何处理则涉及很多层面的东西，因此，高效的数据处理技术也是云计算不可或缺的核心技术之一。对于云计算来说，数据管理面临巨大的挑战。云计算不仅要保证数据的存储和访问，还要能够对海量数据进行特定的检索和分析。由于云计算需要对海量的分布式数据进行处理、分析，因此，数据管理技术必需能够高效地管理大量的数据。

谷歌的 BT（BigTable）数据管理技术和 Hadoop 团队开发的开源数据管理模块 HBase 是业界比较典型的大规模数据管理技术[①]。BT 数据管理技术。BT 是非关系的数据库，是一个分布式的、持久化存储的多维度排序，Map. BigTable 建立在 GFS，Scheduler，LockService 和 MapReduce 之上，与传统的关系数据库不同，它把所有数据都作为对象来处理，形成一个巨大的表格，用来分布存储大规模结构化数据。BigTable 的设计目的是可靠地处理 PB 级别的数据，并且能够部署到上千台机器上。开源数据管理模块 HBase：HBase 是 Apache 的 Hadoop 项目的子项目，定位于分布式、面向列的开源数据库。HBase 不同于一般的关系数据库，它是一个适合于非结构化数据存储的数据库；另一个不同是 HBase 基于列的而不是基于行的模式。作为高可靠性分布式存储系统，HBase 在性能和可伸缩方面都有比较好的表现。利用 HBase 技术可在廉价 PCServer 上搭建起大规模结构化存

---

① 中科研拓. 2016-05-09. 构架开发云服务平台需要的关键技术. www. zhongkerd. com/news/content_ 1089. html［2016-05-20］.

储集群。

云计算采用了分布式存储技术存储数据，那么自然要引入分布式资源管理技术。在多节点的并发执行环境中，各个节点的状态需要同步，并且在单个节点出现故障时，系统需要有效的机制保证其他节点不受影响。而分布式资源管理系统恰是这样的技术，它是保证系统状态的关键。另外，云计算系统所处理的资源往往非常庞大，少则几百台服务器，多则上万台，同时可能跨越多个地域。且云平台中运行的应用也是数以千计，如何有效地管理这批资源，保证它们正常提供服务，需要强大的技术支撑。因此，分布式资源管理技术的重要性可想而知。

全球各大云计算方案/服务提供商都在积极开展相关技术的研发工作。其中谷歌内部使用的 Borg 技术很受业内称道。另外，微软、IBM、Oracle/Sun 等云计算巨头都有相应解决方案提出。

调查数据表明，安全已经成为阻碍云计算发展的最主要原因之一。数据显示，32%已经使用云计算的组织和45%尚未使用云计算的组织的 ICT 管理将云安全作为进一步部署云的最大障碍。因此，要想保证云计算能够长期稳定、快速发展，安全是首先需要解决的问题。事实上，云计算安全也不是新问题，传统互联网存在同样的问题，只是云计算出现以后，安全问题变得更加突出。在云计算体系中，安全涉及很多层面，包括网络安全、服务器安全、软件安全、系统安全等。因此，有分析师认为，云安全产业的发展将把传统安全技术提到一个新的阶段。

现在不管是软件安全厂商还是硬件安全厂商都在积极研发云计算安全产品和方案，包括传统杀毒软件厂商、软硬防火墙厂商、IDS/IPS 厂商在内的各个层面的安全供应商都已加入到云安全领域。相信在不久的将来，云安全问题将得到很好的解决。

云计算资源规模庞大，服务器数量众多并分布在不同的地点，同时运行着数百种应用，如何有效地管理这些服务器，保证整个系统提供不间断的服务是巨大的挑战。云计算系统的平台管理技术，需要具有高效调配大量服务器资源，使其更好协同工作的能力。其中，方便地部署和开通新业务，快速发现并且恢复系统故障，通过自动化、智能化手段实现大规模系统可靠的运营是云计算平台管理技术的关键。

对于提供者而言，云计算可以有3种部署模式，即公共云、私有云和混合云。3种模式对平台管理的要求大不相同。对于用户而言，由于企业对于ICT资源共享的控制、对系统效率的要求以及ICT成本投入预算不尽相同，企业所需要的云计算系统规模及可管理性能也大不相同。因此，云计算平台管理方案要更多地考虑到定制化需求，能够满足不同场景的应用需求。包括谷歌、IBM、微软、Oracle/Sun等在内的许多厂商都有云计算平台管理方案推出。这些方案能够帮助企业实现基础架构整合、实现企业硬件资源和软件资源的统一管理、统一分配、统一部署、统一监控和统一备份，打破应用对资源的独占，让企业云计算平台价值得以充分发挥。

节能环保是整个时代的大主题。云计算也以低成本、高效率著称。云计算具有巨大的规模经济效益，在提高资源利用效率的同时，节省了大量能源。绿色节能技术已经成为云计算必不可少的技术，未来越来越多的节能技术还会被引入到云计算中来。碳排放披露项目（carbon disclosure project，CDP）近日发布了一项有关云计算有助于减少碳排放的研究报告。报告指出，迁移至云的美国公司每年就可以减少碳排放8570万t，这相当于2亿桶石油所排放出的碳总量。

6.2　政府治理工程

6.2.1　社会治理新模式

"随着电子政务建设的不断发展，各级政府积累了大量与公众生产生活息息相关的数据，并成为社会上最大的数据保有者，掌握着全社会80%的信息资源，其中包括3000余个数据库。"这是浪潮集团董事长孙丕恕抛出的一组数字，数据还在不间断地迅猛增长着，而与之对应的另一个现实是，很多政府数据仍躺在相关部门的档案柜里"睡大觉"。长久以来，我国政府的海量数据并没有得到有效的利用，这制约了我国社会、经济的发展，因此，将数据作为提升政府治理能力的重要手段是社会各界的广泛共识。

利用数据打造多方合作、精准先进的社会治理新模式。数据没有边界，各行业领域、各部门机构、各地方区域等的数据可以随时、随地、多维度、多次别加以整合和利用。通过高效采集、有效整合、深化应用政府以及社会数据资源，通过对大量数据的快速收集挖掘、及时研判分析、有效建模应用，可获取更为精确的数据信息及预测结果，从而为精确预警、科学决策提供基础。进而提升政府决策和风险防范水平，提高社会治理的精准性和有效性，增强乡村社会治理能力；助力简政放权，支持从事前审批向事中事后监管转变，推动商事制度改革；促进政府监管和社会监督有机结合，有效调动社会力量参与社会治理的积极性。

6.2.2　经济运行新机制

宏观经济的安全高效、平稳运行，需要对经济平稳增长、经济波动、经济趋势性下滑 3 种情况进行科学评价与分析，并寻求相应的、对应的政策措施。现在一些统计数据不匹配、相背离的现象很多。随着经济进入新常态，呈现出新的特点、新的情况。因此，需要应用数据技术和方法来分析经济运行情况，掌握新常态下经济的新特点，探寻新常态下经济运行的新规律。

利用数据建立运行平稳、安全高效的经济运行新机制。充分运用数据资源，不断提升信用、财政、金融、税收、农业、统计、进出口、资源环境、产品质量、企业登记监管等领域数据资源的获取和利用能力，丰富经济统计数据来源，实现对经济运行更为准确的监测、分析、预测、预警，提高决策的针对性、科学性和时效性，提升宏观调控以及产业发展、信用体系、市场监管等方面管理效能，保障供需平衡，促进经济平稳运行。

6.3 民生服务工程

6.3.1 民生服务新体系

数据来源于民，用之于民。"一切皆可数据"的技术变革，持续、广泛、深刻地影响和改变着人们的生产生活方式及思维行为习惯，民众对数据应用的期望越来越高，而国家把保障和改善民生作为十三五规划的首要目标，因此，各级政府及企业都在加紧运用数据手段提升民生服务。

利用数据构建以人为本、惠及全民的民生服务新体系。围绕服务型政府建设，在公用事业、市政管理、城乡环境、农村生活、健康医疗、减灾救灾、社会救助、养老服务、劳动就业、社会保障、文化教育、交通旅游、质量安全、消费维权、社区服务等领域全面推广大数据应用，利用大数据洞察民生需求，优化资源配置，丰富服务内容，拓展服务渠道，扩大服务范围，提高服务质量，提升城市辐射能力，推动公共服务向基层延伸，缩小城乡、区域差距，促进形成公平普惠、便捷高效的民生服务体系，不断满足人民群众日益增长的个性化、多样化需求。

6.3.2 创新驱动新格局

通过数据、信息和平台的整合，构建国家统一开发的数据信息平台，率先在信用、交通、医疗、卫生、就业、社保、地理、文化、教育、科技、资源、农业、环境、安监、金融、质量、统计、气象、海洋、企业登记监管等重要领域实现公共数据资源合理适度向社会开放，带动社会公众开展大数据增值性、公益性开发和创新应用，充分释放数据红利，激发大众创业、万众创新活力。

利用数据开启大众创业、万众创新的创新驱动新格局。数据未来的发展除了公共数据中心、私有数据中心之外，还将呈现个人数据中心。个人可以应用公共数据和个人数据，进行创业、创新，谋求数据红利及更好的发展，每个人都成为数据的创造者、使用者和受益者。同时，集合全民智慧发展数据、应用数据将是未来发展的一个大趋势。只要全国人民充分认识数据的重要性，全民皆受益于数据，将激发全民的数据热情，我国的数据发展将领先于世界，实现飞跃。

通过政府治理及民生服务的数据应用工程实践，能够将数据有效、有序地运转起来，实现由人、数据及社会组成的有机整体高速运转，带动社会安定、有序地快速向前推进，实现民主法治、公平正义、诚信友爱、充满活力、安定有序、人与自然和谐相处的和谐社会。

第 7 章
数 据 产 业

数据是重要的战略资源与核心创新要素，是未来经济社会发展的新引擎。数据产业是指数据工程过程中所形成的产品与平台的产业化推广过程，包含传统产业转型升级和新兴产业发展。数据产业支撑是数据发展的必由之路。当前，我国数据产业发展面临着重大发展机遇和挑战，迫切需要我国数据产业凭借最大的市场规模优势，凭借数据获取、存储、挖掘、分析和应用等方面涌现的大量新技术、新产品和新模式，以及一大批应运而生的优秀互联网企业，加快数据产业化进程，打造产业竞争优势，抢占世界市场。

7.1　数据产业内涵外延

工业和信息化部围绕数据强国，提出从以下七个方面全面推进大数据产业发展：一是贯彻落实国家大数据战略，做好大数据产业发展的顶层设计；二是支持大数据关键产品的研发和产业化；三是促进大数据与其他产业的融合发展，与《中国制造 2025》、"互联网+"等国家战略协同；四是推动大数据标准体系建设；五是大力促进大数据应用，建设大数据综合试验区，支持地方开展大数据产业发展和应用试点；六是加强大数据基础设施建设；七是完善大数据制度法规①。只有全面理解数据产业内涵与外延，构建完整的数据产业生态体系，才能全面统筹产业发展，推进以上七个方面快速实施。

7.1.1　数据产业的概念

信息化是一个生产"数据"的过程，当前已累积并形成了各个领域或行业的数据资源。挖掘这些数据资源、提取有用信息，将涌现"取之不尽，用之不竭"的数据创新，而赋予这些数据创新的商业模式，就是产业化过程，最终形成一种影响世界经济格局的战略性新兴产业，称之为数据产业。

从产业概念层面看，数据产业是指一切与支撑数据组织管理和价值发现相关的企业经济活动的集合，符合业界定义产业的通用原则，即产业是具有某种同类属性的企业经济活动的集合。其一，从产业内涵理解，一个产业中企业的经济活动必须具备同类属性。数据产业的共同属性是支撑大数据组织管理和价值发现。其二，从产业外延理解，一个产业中企业的经济活动必须能够具体化。数据产业相关企业经济活动包括：用以实现大数据存储、检索、处理、分析、展示的相关 IT 硬件与软件的生产、销售和租赁活动，以及相关信息服务。

数据产业可分为 3 个方面：①用以搭建数据平台、实现大数据组织与管理、分析与发现的相关 IT 硬件与软件的生产、销售和租赁活动；②数据平台的运维与管理服务，系统集成、数据安全、云存储等解决方案与相关咨询服务；③与数据应用相关的数据租售业务、分析预测服务、决策支持服务、数据分享平台、数据分析平台等。

---

① 工业和信息化部. 2015-11-23. 全面促进大数据产业发展，加快建设数据强国. http://www. suqian. gov. cn/sjxw/jjyx/201511/bea8c1e661c346debc219443e1e3fac0. shtml［2015-12-20］.

7.1.2 数据产业链条

数据产业包括狭义意义上的上下游关联行业，依次具体是：数据采集、数据存储、数据管理、数据处理、数据挖掘、数据分析、数据展示以及数据产品评价和交易。换句话说，数据产业链条贯穿数据的整个生命周期，即从数据的获取到存储，再到分析挖掘，直至最终的呈现与应用。完整的数据产业生态系统涵盖数据生态链所有横向纵向影响因素的综合。

数据的获取包括数据采集、传输与分享，人们的日常生活、企业经营都不断产生巨量的交易数据、交互数据和传感数据。在生态链的这个环节中，企业通过提供数据源平台、数据集市等方式为用户提供数据；数据的存储是对数据资源的管理，即对已获取的数据进行有效的汇总和组织，为数据的分析和应用创造良好的基础。数据存储主要包括 NoSQL 数据库、NewSQL 数据库和数据仓库 3 个领域的企业；数据分析与挖掘是最核心环节，其主要功能是通过建立一定的分析处理模型进行智能分析，将数据中隐藏的有效信息萃取和提炼出来，并发现其中隐含着的新规则、新信息。没有高质量的数据分析，大数据的应用将无从谈起。数据呈现（可视化）是将数据分析的结果利用各种直观的形式展示给用户，使得用户能够更清晰、方便、深入地理解数据分析结果并加以使用；数据应用是基于数据分析过程得到的新规则、新信息进行判断并采取适当行动（如制定合适的计划或决策），以最大限度地发挥数据分析成果的功能和数据效用。数据应用环节的企业分为两类，一类为客户提供商业智能软件相关产品，使得客户能够进行精确营销和新业务拓展；另一类围绕互联网数据和非结构化数据开发新型服务和产品，如广告和媒体应用、日志数据应用、大数据垂直应用等。政府对于数据的应用更多是用于管理决策及资源的优化配置。

在数据生态链条的各个环节，除了传统的 IT 厂商之外，新兴企业也纷纷涌现，形成了传统 IT 厂商和新兴企业齐头并进的发展格局。在数据产业的数据库、云平台和云设施等基础设施领域，传统的 IT 巨头具有较大的先发优势，形成了一个相对封闭的发展格局；而在 NoSQL、数据检索、数据可视化、安全、应用等新兴领域，新兴创业公司则试图通过新技术和新方法来实现新的模式。

7.1.3　数据产业未来趋势

只有准确掌握数据产业未来趋势，才能与时俱进，全面规划数据产业的未来发展。作为一个全新的产业，数据仍然处于快速发展的初期，这是一个快速发展的领域，每时每刻都在产生新的变化。从整体发展角度评估，数据行业的未来将呈现以下 6 个核心发展趋势。

7.1.3.1　应用层级爆发出强大的增长力和发展机遇

在 2012 年年初的瑞士达沃斯论坛上，一份题为《大数据，大影响》的报告宣称，数据已经成为一种新的经济资产类别，就像货币和黄金一样。实际上，在电子商务、金融、电信等行业已经现通过对数据的掌控，实现对市场的支配和巨大的经济回报。因此，在数据时代，传统的商业思想正在被颠覆。在过去，衡量企业最重要的资产无外乎土地、流动资金和人才等几个要素，如今，数据作为企业一项更加重要的资产将直接关系到企业的发展潜力，数据资产正在当仁不让地成为现代商业社会的核心竞争力，数据正成为战略资产。

数据并不在"大"，而在于"用"。对于很多行业而言，如何有效应用这些大规模数据、挖掘出更大的价值是成为赢得竞争的关键。因此，数据的应用成为未来 10 年产业发展的核心趋势，数据产业链条的应用层级也成为发展机会最大的投资领域。数据时代的核心应用方向主要包括智慧城市、旅游、医疗健康、教育、电子商务以及游戏、社交媒体等，移动互联网是未来 10 年 IT 产业的下一个金矿。目前，国内一些领先的互联网企业，包括新浪、腾讯、阿里巴巴等，已开始了实质性的探索。例如，阿里巴巴、新浪联姻之后，2013 年 8 月 15 日新浪微博推出重磅作品："Page

页面",通过微博信息流,微博用户可以通过"关注"、"赞"、"订阅"与之产生互动关系。新浪微博面临的商业化难题是众所周知的,而阿里巴巴和微博之间的战略协同,将打造出一个颇具想象力的横跨社交领域和电商领域的生活平台。未来,面向大数据市场的新产品、新技术、新服务、新业态将不断涌现。

7.1.3.2 数据分析领域快速发展

数据蕴藏价值,但是数据的价值需要用 IT 技术去发现、去探索,数据的积累并不能够代表其价值的多少。随着产业应用层级的快速发展,如何发现数据中的价值已经成为市场及企业用户密切关注的方向,因此数据分析领域也将获得快速的发展。而随着数据行业 IT 基础设施的不断完善,数据分析技术将迎来快速发展,不同的挖掘技术,挖掘方法将是人们未来比较重视的领域,因为,这个领域直接关系到数据价值的最终体现方式。

数据的重心将从存储和传输过渡到数据的挖掘和应用,这将深刻影响企业的商业模式,既可直接为企业带来盈利,也可通过正反馈为企业带来难以复制的竞争优势。商业智能、信息安全和云计算将是国内数据挖掘和应用环节具有竞争力的 3 个领域,其中,国内商业智能市场已步入成长期,预计未来 3 年 CAGR(复合年均增长率)将达到 35%,十二五期间的市场空间将超过 300 亿元;信息安全也将保持 CAGR 35%~40% 的快速增长,十二五期间潜在市场空间超过 4000 亿。

7.1.3.3 数据与云计算的关系越加密切

云计算是数据的孪生兄弟,也是可以与数据并驾齐驱的 IT 热词。但是二者还是有很多不同:云计算是硬件资源的虚拟化,数据则是海量数据的高效处理。数据的 4V 特点对存储、传输和处理都提出了巨大的挑战,这个问题就需要新的技术来解决,云计算是数据处理的最佳平台,随着二者未来发展关系将更紧密。例如，亚马逊利用云的数据 BI 的托管长款，谷歌的 BigQuery 中的数据分析服务，IBM 的 Bluemix 云平台等，这些都是基于云的大数据分析平台。

随着数据行业的发展，尤其是数据量的爆炸式增长，分布式存储技术将作为未来解决大数据存储的重要技术，并实现从 Scale-up 向 Scale-out 的转移。分布式存储系统将数据分散存储在多台独立的设备上，这就解决了传统存储方式的存储性能瓶颈问题。随着大数据量的逐渐增大，可以通过分布式的处理方式把应用复杂分散到分布式系统的各个节点上，分布式网络存储系统采用可扩展的系统结构，利用多台存储服务器分担存储负荷，利用位置服务器定位存储信息，这不但提高了系统的可靠性、可用性和存取效率，还易于扩展。

7.1.3.4　安全和隐私问题越来越受到重视

数据价值对于企业来说是非常重要的，但是同样也有阻碍着大数据发展的一些因素，在这些因素中，隐私问题无疑是困扰大数据发展的一个非常重要的要素。一些我们之前看似并不重要的数据信息，在大数据中心，许多这样的信息就很可能轻松了解一个人的近期情况，从而造成了个人隐私问题。而且如今随着大数据的发展，个人隐私越来越难以保护。有可能出现利用数据犯罪的情况，当然关于大数据隐私方面的法律法规并不全，还需要有专门的法规来为大数据的发展扫除障碍。

随着数据价值的越来越重要，大数据的安全稳定也将会逐渐被重视，大数据不断增长，无论对数据存储的物理安全还是对数据的管理方式都要求越来越高，从而对数据的多副本与容灾机制提出更高的要求。

7.1.3.5　数据分享变得尤为重要

对于数据来说，未来可能将不同的行业更加细分，针对不同的行业有着不同的分析技术。但是同样对于大数据来说，数据的多少虽然不意味着价值更高，但是更多的数据无疑更有助于一个行业的分析价值的发现。例如，对于医疗行业，如果每一个医院对自己的数据进行分析，相信都能够获得相应的价值，但是如果想获得更多的更大的价值。那么，就需要全国，甚至全世界的医疗信息共享，这样才能够通过平台进行分析，获取更大的价值。所以，为了数据可能会呈现一种共享的趋势，数据联盟可能出现。

7.1.3.6 中国将成为全球数据产业最重要的市场

中国未来将可能成为大数据最重要的市场，拥有世界上 1/5 的人口，同时中国的发展正在处于快速的上升期。中国产生的数据将是巨大的，而巨大的数据对数据发展将起到促进的作用，而大数据在中国市场的发展也将领先。总之，数据将给中国的市场带来更广泛的发展机会，对于中国来说这个市场是非常有前景的，是值得大家重视的一个市场。各行业的客户和各行业的开发商也应该在大数据市场抓住机会，借助自己的优势创造更多的价值，在未来激烈的市场竞争中借助大数据走得更远。

7.2 数据产业生态体系

数据产业以数据收集为基础，以数据挖掘分析服务为核心，以数据运用服务为目的，包含基础设施服务、信息服务、相关电子产品制造、数据运用服务、数据研发等产业领域，是促进产业转型升级、推动经济增长和加强创新能力的重要动力。数据产业将作为战略性新兴产业发展的突破口，围绕经济社会发展，以数据应用和商业模式创新为重点，聚集全球数据创新资源，研发和引进一批数据关键核心技术，推动实施一批全行业数据应用解决方案，培育一批数据产业领军企业，建设数据产业服务平台和数据产业基地，构建数据产业生态系统，促进数据产业发展，推动我国传统产业转型升级，全力建设全球数据创新中心。

7.2.1 数据产业集群

产业集群是指在特定区域中，具有竞争与合作关系，且在地理上集中，有交互关联性的企业、专业化供应商、服务供应商、金融机构、相关产业的厂商及其他相关机构等组成的群体。不同产业集群的纵深程度和复杂性相异，代表着介于市场和等级制之间的一种新的空间经济组织形式。许多产业集群还包括由于延伸而涉及的销售渠道、顾客、辅助产品制造商、专业化基础设施供应商等，政府及其他提供专业化培训、信息、研究开发、标准制定等的机构以及同业公会和其他相关的民间团体。因此，产业集群超越了一般产业范围，形成特定地理范围内多个产业相互融合、众多类型机构相互联结的共生体，构成这一区域特色的竞争优势。从产业结构和产品结构的角度看，产业集群实际上是某种产品的加工深度和产业链的延伸，在一定意义上讲，是产业结构的调整和优化升级。从产业组织的角度看，产业集群实际上是在一定区域内某个企业或大公司、大企业集团的纵向一体化的发展。

数据产业集群是指依托大数据产业链上下游的数据资源、IT 基础设施、企业群，通过专业化分工与协作的方式，以数据人才、技术、资金的协同创新为基础，进行价值交换，有集聚—竞争—合作—学习—创新所形成的一种动态互动的、网络化新型产业组织形式。当前，信息技术和互联网的新发展带来了数据的爆发式增长，数据正在成为驱动经济增长和社会进步的重要基础和战略资源。基于海量数据资源的挖掘和应用催生的数据产业，蕴含着巨大的商业价值和社会价值，是全球下一个促发创新、角力竞争、提高生产力的前沿领域。数据与信息、生物、高端制造、节能环保、新能源、文化教育等领域的深度融合和创新应用，将广泛带动行业信息化、网络化、智能化发展，加速农业、制造业和服务业等产业转型升级。

本节提出"数云+"模式的数据产业集群示范，是以云端大数据集聚为前提条件，以行业云服务为平台，通过企业间共享核心竞争力，形成大数据产业集群结构的发展模式，培育形成具有全球影响力的数据产业集群。主要实现以下 3 个方面。

（1）建立企业主体、市场导向的数据信息协作创新体系，突破数据的收集、处理、挖掘、应用等一批关键核心技术，培育多家数据企业及领军企业；具有自主技术的云计算和数据中心软硬件设施得到广泛应用，初步实现互联网数据、政府数据、行业数据、科研数据的共享。

（2）完善行业云服务模式，产品向云端汇集，服务产品化趋势进一步加强。初步形成若干数据应用和服务标准，建成行业数据应用平台，形成一批基于数据分析的信息消费、文化创意、远程教育、健康服务等领域新兴业态，对商业、金融、先进制造、节能环保等产业的转型升级和创新发展产生巨大的带动作用。

（3）本着多方共赢的商业模式理念，开放和共享企业间核心竞争力，将多方共赢的发展逻辑逐渐渗透并体现到企业发展思路之中；同时，增强企业间的数据流动活力。建立国际一流的数据产业发展创新环境，形成面向国际的数据交易市场体系和服务全球的创新能力，成为全球数据创业和人才、技术、资本、数据资源等创新要素的主要汇集地，发挥在国内数据产业的引领示范作用。

7.2.2　数据产业生态体系

数据产业生态体系是对产业集群的优化和提升，是对产业集群中复杂因素的交织融合。完整的数据产业生态体系由内到外包括三个层级，第一个层级以数据为核心，包含"互联网+"、云服务、数据服务、移动互联网、社交网络及信息安全，通过这些部分让数据在企业、人、设备三者之间自由流动，通过数据把世界连接起来。第二个层级以应用为核心，包括数据流、人才流、技术流、物流、资金流，通过这些流所形成的有效互动，进行紧密合作、优势互补，并根据经济杠杆，风险共担、利益共享，实现综合性的规模效应最大化。第三个层级以服务为核心，融合了数据供应链、价值链、创新链、投资链、服务链等一系列数据产业发展的核心链条，集合交叉、相互作用后，形成了复杂的、多维度的数据体系生态环境。完整的数据产业生态体系架构，如图 7-1 所示。

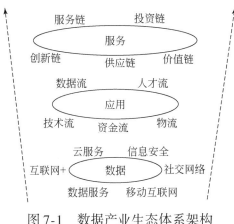

图 7-1　数据产业生态体系架构

第一个层级中，"互联网+"不仅包括互联网与金融、通信、政府、医疗、零售、旅游等的垂直行业的深度融合，还包括其产生的新的业态。云服务是基于互联网的相关服务的增加、使用和交付模式，包括 Software-as-a-Service（SaaS，软件即服务）、Platform-as-a-Service（PaaS，平台即服务）、Infrastructure-as-a-Service，IaaS（IaaS，基础设施即服务）3 种。其中，SaaS 是一种通过 Internet 提供软件的模式，用户无需购买软件，而是向提供商租用基于 Web 的软件，来管理企业经营活动；PaaS 是指将软件研发的平台作为一种服务，以 SaaS 的模式提交给用户。因此，PaaS 也是 SaaS 模式的一种应用。但是，PaaS 的出现可以加快 SaaS 的发展，尤其是加快 SaaS 应用的开发速度；IaaS 是消费者通过 Internet 可以从完善的计算机基础设施获得服务。数据服务，包括数据挖掘、分析等数据技术及数据营销等。移动互联网是一种通过智能移动终端，采用移动无线通信方式获取业务和服务的新兴业务，包含终端、软件和应用 3 个层面。终端层包括智能手机、平板电脑、电子书、MID（移动互联网设备）等；软件层包括操作系统、中间件、数据库和安全软件等；应用层包括休闲娱乐类、工具媒体类、商务财经类等不同应用与服务。随着技术和产业的发展，未来LTE（长期演进，4G 通信技术标准之一）和 NFC（近场通信，移动支付的支撑技术）等网络传输层关键技术也将被纳入移动互联网的范畴之内。社交网络即社交网络服务，源自网络社交，网络社交的起点是电子邮件，包括硬件、软件、服务及应用，网络社交不仅仅是一些新潮的商业模式，从历史维度来看，它更是一个推动互联网向现实世界无限靠近的关键力量。社交网络在人们的生活中扮演着重要的角色，它已成为人们生活的一部分，并对人们的信息获得、思考和生活产生不可低估的影响。社交网络成为人们获取信息、展现自我、营销推广的窗口。社交网络涵盖以人类社交为核心的所有网络服务形式，互联网是一个能够相互交流、相互沟通、相互参与的互动平台，主要包括微博、社交网络、即时通信、移动社交、视频与音乐、论坛、消费评论、电子商务等核心网络，在线问答、在线百科、博客＆博客聚合、文档分享、签到位置服务等基础功能网络，在线旅游、婚恋交友网站、轻博客、商务社交、企业社交、图片分享、社会化电视等新兴/细分网络，社会化搜索、社交游戏、社会化内容聚合、社会化电子商务等增值衍生网络。信息安全是指信息系统（包括硬件、软件、数据、人、物理环境及其基础设施）受到保护，不因偶然的或者恶意的原因而遭到破坏、更改、泄露，系统连续可靠正常地运行，信息服务不中断，最终实现业务连续性。

第二个层级中，数据流是指被数据化的世界中，企业、人和设备都开始生产数据并传播数据，互联网则让数据化的世界流动了起来，形成数据流。技术流是指数据主流技术与工具的动态集合，包括 Hadoop、Storm、Spark 等。人才流是指开展数据业务中涌现的一批优秀的、经验丰富的、熟悉企业管理的人才。物流是指大物流的体系，包括运输、仓储、搬运、配送、包装和再加工等环节，工厂、贸易商、客户只是整个物流供应链中的一部分，正因为物流才使整个商业贯穿起来，物流是架接每个环节的桥梁。资金流是指随着数据业务活动而发生的资金往来。

第三个层级中，服务链是以信息技术、物流技术、系统工程等现代科学技术为基础，以满足顾客需求最大化为目标，把服务有关的各个方面，如银行、保险、政府等，按照一定的方式有机组织起来，形成完整的消费服务网络。供应链是指商品到达消费者手中之前各相关者的连接或业务的衔接，是围绕核心企业，通过对信息流、物流、资金流的控制，从采购原材料开始，制成中间产品以及最终产品，最后由销售网络把产品送到消费者手中，将供应商、制造商、分销商、零售商，直到最终用户连成一个整体的功能网链结构。投资链条包括投资者对数据产业的全盘宏观考量及投资时机等要素。数据价值链包括基础层、信息层和知识层 3 层，基础层主要负责数据采集、存储和传输等业务服务，以汇聚有价值的原始数据；信息层是建立于基础层上的，主要负责数据包销售、租赁等业务服务，实现对基础层的原始数据进行去粗取精，提炼价值密度更高的信息；知识层建立于信息层之上，主要负责预测相关主体的行为、支持新型业务，对基础层、信息层的信息进行处理，融入行业信息等，形成知识类信息。创新链是指围绕数据服务创新的核心主体，以满足市场需求为导向，通过知识创新活动将相关的创新参与主体连接起来，以实现知识的经济化过程与创新系统优化目标的功能链结构模式。

第8章
数 据 管 理

组织管理是一项关系全局的基础工作，数据作为战略性资源，它的发展是一个完整的体系，组织管理不可或缺。数据管理是数据实现高效管理、科学应用的组织保障，包含数据职能管理机构及包含数据质量、标准等的数据管理办法。

数据每天都在海量增长，据 IDC 报告显示，预计到 2020 年全球数据总量将超过 40ZB（相当于 4 万亿 GB），这一数据量是 2011 年的 22 倍。有人打了一个形象的比喻，这相当于 3000 多亿部时长 2h 的高清电影，连着看 7000 多万年也看不完[①]。在过去的几年中，全球的数据量以每年 58% 的速度增长，在未来这个速度将会以指数级别的加速度产生。目前，人类的数据积累速度以两年翻一番的速度在增长。也就是说，最近两年积累的数据相当于以前人类数百万年历史积累的总和。2011 年，麦肯锡在题为《海量数据，创新、竞争和提高生成率的下一个新领域》的研究报告中指出，数据已经渗透到每一个行业和业务职能领域，逐渐成为重要的生产要素。

未来数据将像煤炭、石油、电力一样流通、存储，供人们使用，乃至未来政府部门的监管和治理离不开数据。中国作为计算机大国未来将会成为一个计算大国，面对数据生产资料，需要对数据进行高效管理，让数据

---

① 周文. 2013-08-29. 2020 年全球数据总量将超 40ZB 大数据落地成焦点. http：//net. chinabyte. com/139/ 12703139. shtml［2015-12-20］.

流动起来，发挥数据效用，服务于各个行业领域及国家发展。因此，数据的管理需要像其他能源一样，成立专门的组织管理机构及标准体系管理，这是数据新能源发展的必然选择。

《促进大数据发展行动纲要》提到政府数据资源共享开放工程、国家大数据资源统筹发展工程、政府治理大数据工程、公共服务大数据工程四大项"政府大数据"工程，并以目标形式明确提出将在 2017 年年底前形成跨部门数据资源共享共用格局；2018 年年底前建成国家政府数据统一开放平台。而目前我国数据分散在政府各个部门、各大国有企业、各大私有企业手中，数据资源的全面整合是当前的首要任务。如何进行数据资源整合，具体采用何种机制值得进一步研究。

8.1　数据管理机构

大数据管理局的提法最早出现在 2014 年 1 月的中共广州市委十届五次全会上，成立这个"局"的目的是为统筹推进政府部门的信息采集、整理、共享和应用，消除信息孤岛，建立公共数据开放机制。目前，广州、沈阳、成都三地分别成立了大数据管理局，职能基本都包括组织制定大数据收集、管理、开放、应用等标准规范，相信会有更多的城市和地区紧跟三地步伐，纷纷成立大数据管理局。这样的发展结构缺少总体规划与布局，各地的管理、规划、标准等很难实现统一，不利于数据的长远发展。目前，中国东、西部的信息化差距巨大，各地政府的认识、重视水平严重不一，急需建立从中央到地方的数据管理组织机构，并根据不同地区的实际情况制定相应的管理机制，以保证数据在我国有序发展实施。

8.1.1　数据管理机构

数据管理机构应参照并与其他资源一样，建立从中央到地方的组织管理机构。本章提出依托数据开放共享管理平台建立数据管理机构，如图 8-1 所示，这是数据发展的实际需要。该管理机构可依托工业和信息化部、国家信息中心的某个部门或成立独立机构——国家数据部，该机构以数据总部为中心，包括数据应急指挥部和七大区域机构为其直属管理机构。数据总部内设 11 个机构，分别为政策与法规、规划与计划、数据流动、财务运行、建设与管理、数据安全、科技与教育、国际合作、数据科学研究院、基础设施及办公室。

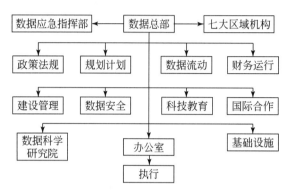

图 8-1　国家数据管理机构

数据管理机构是国家主管数据的行政职能部门，统一管理全国各个领域、行业及开源数据，主管数据的管理和应用工作。其主要职责如下：

（1）负责中国数据的相关法律法规的组织实施和督查检查。研究制订数据工作的方针、政策、法规和规章制度。

（2）组织制定全国数据发展战略规划、中长期计划和年度计划。组织制订全国主要区域数据综合规划和有关规划并负责监督实施。

（3）统一管理全国数据。负责组织全国数据的监测和评价，组织实施数据使用许可制度，对数据保护实施监督管理。受国务院委托协调处理部门间和地区、省、自治区、直辖市间的数据纠纷。

（4）主管全国数据推进工作。

（5）配合国家综合经济管理部门制定有关数据的财务政策及价格、税收、信贷等经济调节措施并组织实施。

（6）对全国大型数据工程建设进行行业管理，负责组织建设和管理具有控制性的或跨行业、跨领域的重要数据工程。

（7）复杂管理数据科技、教育、国际合作，会同有关部门办理数据的涉外事宜。

（8）指导和管理全国数据队伍的建设。

（9）承办国务院交办的其他事项。

根据上述职责，办公厅负责文电、会务、机要、档案等机关日常运转工作；承担信息、保密、信访、政务公开、新闻发布工作。规划与计划部门负责拟订数据战略规划，组织编制重大数据综合规划、专业规划和专项规划；审核重大数据建设项目建议书、可行性研究报告和初步设计；指导水工程建设项目合规性审查工作。政策与法规部门负责起草数据法律法规草案和部门规章并监督实施；研究拟订数据工作的政策；指导数据行政许可工作并监督检查；承办行政应诉、行政复议和行政赔偿工作。数据流动部门负责组织数据调查、评价和监测工作；指导数据分配和数据调度工作并监督实施，组织编制数据保护规划，财务运行负责编制中央数据部门预算；承担部机关并指导直属单位的财务管理工作；承担中央数据资金及监督管理工作；提出有关数据价格、收费、信贷的建议。国际合作部门负责承办国际数据相关涉外事务；承办国际合作和外事工作；拟订数据行业技术标准、规程规范并监督实施；组织重大水利科学研究、技术引进和科技推广。建设与管理部门负责指导数据设施的管理和建设；指导数据的治理和开发；指导数据工程建设与运行管理，指导数据建设市场的监督管理。数据安全部门负责承担数据行业安全相关工作；指导数据的安全监管，组织实施数据工程质量和安全监管；承担重大涉数据违法事件的查处，协调跨省、自治区、直辖市数据事宜纠纷；指导数据监察和数据行政执法工作。国家数据应急指挥办公室负责组织、协调、监督，指挥全国数据支撑的重要突发事件工作。

与数据管理机构相对应，本章提出了国家数据管理体系框架，如图8-2所示。实现中央、地区和省级数据管理核心信息的互联互通和主要业务的在线处理，为数据的全国范围流动与应用提供支撑。

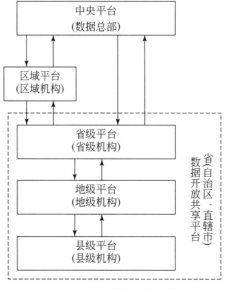

图 8-2　国家数据管理体系

8.1.2　数权交易管理

运用市场手段管理数据是数据未来发展的必然趋势。数据作为一种与人类生产和生活密切关联的基础性、战略性资源，颠覆性地改变了世界经济形态、国际安全格局、国家治理模式与资源配置方式。国家间的竞争正从对资本、土地、人口、资源及能源的争夺，转向对数据的争夺。而国内各级政府及企业、个人也纷纷意识到数据的重要性，开启了对数据资源的竞争，运用市场手段促进数据资源的合理开发与利用是数据未来发展的必然趋势。因此，本节提出以数权交易的方式推动我国数据的管理。

狭义上的数权是指数据的使用权，即依法授予使用者的权利，具体权能包括获取、使用和处置。广义上，数权包括数据的所有权和使用权，数权也应向其他资源一样在权、责、利、义明确的基础上，将所有权和使用权分离，政府、企业和消费者可以转让或购买数据资源，以此来适应社会发展的要求。

8.1.2.1 数权交易形式

数权交易的形式多种多样，可以按照交易性质、主体和时间的不同进行种类划分。按交易的性质可以将数权交易分为买卖的交易、管理的交易和限额的交易，这 3 种交易与 3 种制度相对应（即市场、企业和政府）。按照交易主体不同，数权交易可以划分为政府与政府之间的交易、政府与用户之间的交易、用户与用户之间的交易。按照交易时间的长短不同，可以将数权交易划分为永久交易、临时交易和数权租赁。

8.1.2.2 数权交易制度

数权交易制度是指规范和约束数权交易行为和市场的规则总称。数权交易制度的制定与完善一般与交易市场紧密联系在一起。数权交易制度的建设包括数权的明晰、组织机构的组建、数权交易市场的构建和数权交易审查与审批等管理程序的建立等方面。

（1）数权的明晰。明晰的数权界定是数权交易得以顺利进行的前提条件。清晰的数权界定为数权交易制度的不断发展与完善奠定了坚实的基础。可根据交易数据特点，按照领域或类别进行界定。

（2）组织机构的组建。数权管理机构以执行由相应立法机构制定的数权及交易法规为主，专业化的组织结构是数权交易制度得以运作的人员保障。

（3）数权交易市场的构建。由于数权制度是建立在私有数据的基础之上，因此，数权交易的市场化机制作用十分明显，交易市场较为活跃，进而从早期的"准市场"逐渐向"纯市场"过渡，在这期间，出现了以数据银行等为典型代表的多样化数权交易形式。

（4）数权交易管理程序的不断完善。美国数权交易的管理程序不断完善，尤其是在数权交易的审查和审批方面。从数权交易早期的简单审批发展到不损害他人原则、考虑生态影响，再到限制对流域和跨州界水权交易以及紧急状态时的政府干涉等管理程序。

（5）政府公权力的干预作用在逐渐加强。以私有制为基础的数权交易纯市场化国家，经历了若干年的探索与发展经验表明，由于数据存在公共属性以及数权交易存在外部性等问题，纯粹的市场化运作仍然面临若干市场难以解决的问题（如保护公共权益和第三者的权利），而政府的适时干预或调控可以较好地弥补市场在这方面的不足，因此，政府公权力在对数据配置领域的干预作用日益加深。

8.2　数据管理办法

面对海量、多样、快速、低价值密度的数据信息，需要数据管理机制对其进行规范管理和质量约束，使数据得到高效、科学的管理，为数据的有效应用、发挥数据价值提供支撑。

8.2.1　数据标准化管理

目前数据的相关标准研制还处于起步阶段，本章结合 ISO/IEC、ITU 等国际标准化组织、美国国家标准与技术研究院（National Institute of Standards and Technology, NIST）及中国全国信息安全标准化技术委员会（简称全国信标委）已经开展的部分工作，完善了中国电子标准化研究院编制的《大数据标准化白皮书》中的大数据标准体系框架，构建涵盖数据基础、数据技术、数据产品、数据应用、数据安全等全生命周期过程的完整的数据标准体系框架。

数据标准化工作一直在不断地向前推进。ISO/IEC JTC1 SC32 "数据管理和交换" 分技术委员会是与数据关系最为密切的标准化组织。SC32 持续致力于研制信息系统环境内及环境外之间的数据管理和交换标准，为跨行业领域协调数据管理能力提供技术性支持，其标准化技术内容包括：协调现有和新生数据标准化领域的参考模型和框架；负责数据域定义、数据类型和数据结构以及相关的语义等标准；负责用于持久存储，并发访问，并发更新，交换数据的语言、服务和协议等标准；负责用于构造、组织和注册元数据及共享和互操作相关的其他信息资源（电子商务等）的方法、语言服务和协议等标准。ISO/IEC JTC1 于 2013 年 11 月成立了 ISO/IEC JTC1 SG2，是负责大数据国际标准化的大数据研究组织，目前其主要工作情况为：调研国际标准化组织（ISO）、国际电工委员会（IEC）、第 1 联合技术委员会（ISO/IEC JTC1）等在大数据领域的关键技术、参考模型等标准基础；确定大数据领域应用需要的术语与定义；评估分析当前大数据标准的具体需求，提出 ISO/IEC JTC1 大数据标准优先顺序；向 2014 年 ISO/IEC JTC1 全会提交大数据建议的技术报告和其他研究成果。ITU 在 2013 年 11 月发布了题目为《大数据：今天巨大，明天平常》的技术观察报告，这个报告分析了大数据相关的应用实例，指出大数据的基本特征、促进大数据发展的技术，在报告的最后部分分析了大数据面临的挑战和 ITU-T（国际电信联盟电信标准分局）可能开展的标准化工作。从 ITU-T 的角度来看，大数据发展面临的最大挑战包括：数据保护，隐私和网络安全，法律和法规的完善。根据 ITU-T 现有的工作基础，开展的标准化工作包括：高吞吐量、低延迟、安全、灵活和规模化的网络基础设施；汇聚数据集和匿名；网络数据分析；垂直行业平台的互操作；多媒体分析；开放数据标准。NIST 建立了大数据公共工作组（NBD-PWG），其是面向产业界、学术界和政府开放的公共环境，共同形成达成共识的定义、术语、安全参考体系结构和技术路线图，提出数据分析技术应满足的互操作、可移植性、可用性和扩展性需求及安全有效地支持大数据应用的技术基础设施，用于为大数据相关方选择最佳的方案。工作组下设术语和定义、用例和需求、安全和隐私、参考体系结构及技术路线图 5 个分组，目前正在研制《大数据定义》、《大数据术语》、《大数据需求》、《大数据安全和隐私需求》。全国信标委持续开展数据标准化工作，在元数据、数据库、数据建模、数据交换与管理等领域推动相关标准的研制与应用，为提升跨行业领域数据管理能力提供标准化支持。

全国信标委中与大数据关系比较密切的组织包括：非结构化数据管理

标准工作组、云计算工作组、SOA 分技术委员会、传感器网络工作组等。此外大数据安全部分的标准与全国信息安全标准化技术委员会密切相关。全国信标委于 2012 年成立了非结构化数据管理标准工作组，对口 ISO/IECJTC1 SC32 WG4。非机构化数据管理标准工作组联合产、学、研、用等力量，致力于制定非结构化数据管理体系结构、数据模型、查询语言、数据挖掘、信息集成、信息提取、应用模式等相关国家标准和行业标准。目前，《非结构化数据表示规范》、《非结构化数据访问接口规范》已完成草案编制，《非结构化数据管理系统技术要求》已发布并于 2016 年 1 月 1 日实施。全国信标委云计算标准工作组组织编制《云数据存储和管理》系列国家标准，其中系列 1，2，5 已实施，第 3，4 部分已完成标准征求意见稿的编制为推动大数据存储和分析标准研究奠定了基础。全国信标委 SOA 分技术委员会（以下简称"SOA 分委会"）负责面向服务的体系结构（SOA）、Web 服务和中间件的专业标准化的技术归口工作，并协助全国信标委承担国际标准化组织相应分技术委员会的国内归口工作，现有成员 108 家。SOA 分委会还同时负责推动软件构件、云计算技术、智慧城市领域的标准化工作。SOA 分委会已开展《大数据应用、技术、产业与标准化调研》，为大数据标准化研究奠定了基础；此外，SOA 分委会智慧城市应用工作组在推动智慧城市中大数据的应用和服务化的标准研究。全国信息安全标准化委员会（TC260）是在信息安全技术专业领域内，从事信息安全标准化工作的技术工作组织。委员会负责组织开展国内信息安全有关的标准化技术工作，主要工作范围包括：安全技术、安全机制、安全服务、安全管理、安全评估等领域的标准化技术工作。全国信标委目前正开展大数据安全技术、产业和标准研究，为大数据的安全保障提供支撑。

数据标准化管理应贯穿数据全生命周期过程，在借鉴《大数据标准化白皮书》中大数据标准体系框架的基础上，完善该框架，形成涵盖数据基础、数据资源、数据质量、数据安全、数据平台、数据产品、数据应用和服务全周期的数据标准化管理体系，如图 8-3 所示。

数据标准体系由 8 个类别的标准组成，分别为数据基础标准、数据资源标准、数据质量标准、数据安全标准、数据平台标准、数据产品标准、

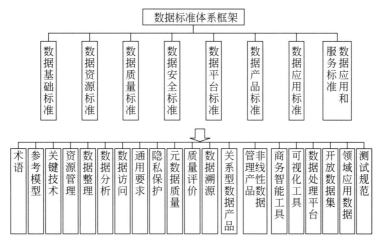

图8-3 数据标准化管理体系框架

数据应用标准和数据服务标准。

（1）数据基础标准。用于统一数据及相关概念，为整个标准体系提供包括总则、术语和参考模型等基础性标准，支撑其他各部分标准的制定，主要包括数据基本术语、参考架构、指南等方面的标准。

（2）数据资源标准。用于规范和引导数据资源建设中数据获取、计算、存储等环节的管理和使用，实现数据资源的高效获取、科学处理、有效应用和扩展，主要包括关键技术、资源管理和资源运维等方面的标准。其中，关键技术主要包括虚拟化、平台与软件、设备及网络等，资源管理包括终端资源管理、平台资源管理、数据资源管理、计算资源管理及存储资源管理、网络资源管理等；资源运维包括资源管理调度、资源监控、故障管理、运维模型。

（3）数据质量标准。该类标准主要针对数据质量提出具体的管理要求和相应的指标要求，确保数据在产生、存储、交换和使用等各个环节中的质量，为数据应用打下良好的基础，并对数据全生命周期进行规范化管理，主要包括元数据质量、质量评价和数据溯源3类标准。

（4）数据安全标准。数据安全作为数据标准的支撑体系，贯穿于数据整个生命周期的各个阶段。不仅用于指导实现数据环境下的网络安全、系统安全、服务安全和信息安全，如数据环境下的安全管理、服务安全、安全技术和产品、安全基础等方面的标准，还用于数据时代下的数据安全标准，如通用要求、隐私保护两类标准。

（5）数据平台标准。该类标准主要包括商务智能工具、可视化工具、数据处理平台和测试规范4类标准。商务智能工具用来帮助用户对大数据进行分析决策，包括ETL、OLAP、数据挖掘等工具，商务智能工具标准对商务智能工具的技术及功能进行规范；可视化工具是对大数据处理应用过程中所需用到的可视化展现工具的技术和功能要求进行规范；数据处理平台标准是针对大数据处理平台从技术架构、建设方案、平台接口等方面进行规范；测试规范针对处理大数据的产品和平台给出测试方法和要求。

（6）数据产品标准。该类标准包括关系型数据库产品、非结构化数据管理产品，其中关系型数据库产品标准针对存储和处理大数据的关系型数据库管理系统，从访问接口、技术要求、测试要求等方面进行规范，为关系型数据库管理系统进行大数据的高端事务处理和海量数据分析提供支持；非结构化数据管理产品标准针对存储和处理大数据的非结构化数据管理系统，从参考架构、数据表示、访问接口、技术要求、测试要求等方面进行规范。

（7）数据应用和服务标准。应用和服务类标准主要是针对大数据所能提供的应用和服务从技术、功能、开发、维护和管理等方面进行规范。主要包括开放数据集、数据服务平台和领域应用数据3类标准。其中开放数据集标准主要对向第三方提供的开放数据包中的内容、格式等进行规范；数据服务平台标准是针对大数据服务平台所提出的功能性、维护性和管理性的标准；领域应用数据指的是各领域根据其领域特性产生的专用数据标准。

8.2.2 数据质量管理

通过数据的标准规范体系，使数据得到高效利用，而通过数据质量管理可保证数据稳定可靠。数据质量管理是对数据从计划、产生、传输、存储、处理、应用、服务全生命周期的每个阶段里可能引发的各类数据质量问题，进行识别、度量、监控、预警等一系列的管理活动，同时，通过改善和提高组织的管理水平使得数据质量获得进一步的提高。

质量管理需要在多个维度上定制数据质量检查规则（表8-1），包括数据的完备性、数据规范性、数据唯一性、数据一致性、数据时效性、数据真实性。同时，质量管理还有贯穿数据计划、产生、传输、存储、处理、维护、应用、发布全生命周期。因此，本书提出构建数据全生命周期的质量管理体系。

表8-1 数据质量检测维度表

	维度	说明
数据质量检测维度	数据完备性	根据业务需求确定哪些数据缺失，或根据数据关联关系确定哪些数据不可用
	数据规范性	度量哪些数据未按照统一格式存储，确定交易的合规性、数据的合理性
	数据唯一性	度量哪些数据是重复数据或哪些属性是重复属性
	数据一致性	度量哪些数据的值在信息含义上是冲突的
	数据时效性	度量能否在数据需求定义的期限内获得最新的数据，或者按照要求的更新频率刷新数据值
	数据真实性	度量哪些数据和信息是不准确的，或者数据是过期无用数据

数据质量的管理可以从数据计划、产生、传输、存储、处理、应用、服务的各个环节制定数据质量控制流程和检查机制，通过测试结果编制数据质量报告。根据数据质量报告反馈信息给数据处理的各个环节并加以完善数据质量，从而保障了业务数据持续的稳定性和可靠性，以支持正确的管理决策。

第9章
数据环境

影响和制约数据发展的因素众多。数据环境是指发展过程中政府行为、民众反映等对数据发展产生重要影响的因素，包含数据相关政策的制定及数据人才的培养等因素。创新发展，人才为先，数据人才状况直接影响数据的未来发展。而完善的政策又是当前国家推广应用数据的重要保障，目前，中国数据相关政策法规还不完善，研究国外数据相关政策，对中国构建完善的数据配套政策意义重大。

9.1 数据人才培养

中国数据发展的前景非常广阔，市场非常巨大，但目前最大的劣势是缺乏人才。要把广阔的前景变成现实，还面临着数据质量不高、数据流通不畅、数据分析存储技术问题等诸多瓶颈，而数据人才问题是其中的重中之重。随着数据的不断发展及广泛应用，包括数据分析师、数据管理专家、大数据算法工程师、数据产品经理等在内的具有丰富经验的数据分析人员将成为全社会稀缺的资源和各机构争夺的人才。据著名国际咨询公司Gartner预测，2016年全球数据人才需求将达到440万，而人才市场仅能够满足需求的1/3。麦肯锡公司则预测美国到2018年需要深度数据分析人才44万~49万，缺口为14万~19万。图9-1为2015~2016年美国大数据人才行业分布状况。有鉴于此，美国通过国家科学基金会，鼓励研究性大学设立跨学科的学位项目，为培养下一代数据科学家和工程师做准备，并设立培训基金支持对大学生进行相关技术培训，召集各个学科的研究人员共同探讨大数据如何改变教育和学习等。英国、澳大利亚、法国等国家也类似地对大数据人才的培养做出专项部署。IBM 等企业也开始全面推进与高校在大数据领域的合作，力图培养企业发展需要的既懂业务知识又具分析技能的复合型数据人才。

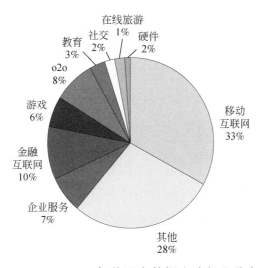

图 9-1　2015～2016 年美国大数据人才行业分布状况

我国目前数据发展的人才需求日趋多元化，既需要跨领域、跨专业、多层次的复合人才，又需要高尖端的核心专业人才，他们是实现数据及业务的跨界融合与协同创新的基础。

9.1.1　多层次复合型数据人才

由于数据产业的火热，国内外学术界跟企业界之间的人才竞争一直非常激烈。我国教育界、科技界的数据人才一直缺乏，由于缺少数据人才的培养机制，在大数据领域、统计、机械学习等领域人才更加薄弱，因此，数据人才问题需要引起重视。

数据涵盖所有的行业、领域，跨界融合已经成为数据未来的发展方向，跨领域、跨专业、跨部门的多层次复合型人才培养异常重要。数据科学能带动多学科融合，但是数据科学作为新兴的学科，其学科基础体系尚不明朗，数据科学自身的发展尚未成体系。随着社会的数字化程度逐步加深，越来越多的学科在数据层面趋于一致，可以采用相似的思想来进行的统一的研究。数据研究不能仅仅局限于计算技术本身，由于现有的数据平台易用性差，而垂直应用行业的数据分析又涉及领域专家知识和领域建模，目前在数据行业分析应用与通用的数据技术之间存在很大的鸿沟，缺少相互的交叉融合。因此，迫切需要进行跨学科和跨领域的大数据技术和应用研究，促进和推动大数据在典型和重大行业中的应用和落地。

人才培养的两个重要渠道分别为高校增设数据学科以培养数据人才和社会增加数据知识培训来培养人才。针对高校数据学科人才培养，本章提出建立跨领域、跨专业、跨部门的多层次复合人才培养模式。该模式以网络教学为主，以现代教学支撑平台为载体，通过校内外教育资源的高度共享，提供跨领域、跨学科、跨专业的教育资源供学生自主选修。同时，学校针对数据专业学生建立相应的考核标准。社会数据知识培训主要是各大培训机构，通过聘请国内外数据领域专家，定期向社会相关数据从业人员进行培训，培养相关数据人才。

9.1.2 高尖端核心数据人才

到目前为止，人类生活、生产产生的数据，无论是搜索引擎、电商、社交平台等形成的企业数据，天气预报等形成的科学数据，还是各政府部门形成的行业数据，都可以定义为"条数据"。块数据是一个新名词，是以一个物理空间或行政区域形成的涉及人、事、物的各类数据的总和。只有条数据和块数据融合式发展，人类所描述的大数据的时代特征才真正开始实现。从数据到数聚，这是块数据的起点，数据是分散的、碎片化的，当它们聚合在一起时就产生了"块"；从解构到重构，这是块数据的机制，每一次解构的结果都会产生新的结构；从多维到共享，这是块数据的价值。数据改变人对世界的看法正是多维作用的结果，可以在任何时间、任何地点、任何事、任何人、任何方式获得任何价值，这就是共享的魅力。这种共享正在成为一个新时代的标志。得"块"者得未来。"块数据"比"条数据"的"4V"的特征更为明显。块数据理论创新将打破传统的信息不对称和物理区域、行业领域对信息流动的限制，通过对不同类型、来源信息的集成、挖掘、清洗，极大地改变信息的生产、传播、加工和组织方式，进而给创新发展带来新的驱动力，推动产业彻底变革和再造。人类将以"块数据"为标志，真正步入数据时代。

因此，解构与重构数据将成为一种重要能力，是当前高尖端核心人才培养的重点方向。解构与重构的逻辑起点是发现并实现客户需求和发展机会，是结构性的成本降低并提高效率。现在面临的核心问题是如何将现有的数据进行解构，同时根据需求进行重构，创造出新的模式。这种解构与重构背后是一种价值的发现与实现。同时，解构与重构的根本是洞察力和计算能力，洞察力的核心就是发现需求和价值洼地，技术能力提升的关键是对数据的"追随"，即要改变数据"迁就"计算的管理思维模式，而是让计算"追随"并"服务"数据，提供灵活性、异构性和高效性的计算能力，并在服务业务创新中成就自我。

而数据高尖端人才除了高校教育、社会培训外，还需要加大人才引进力度。针对数据学科，高校教育应按照关键核心技术下设多个具体专业，如数据采集专业、数据挖掘专业、数据融合专业等，针对当前国内外最新的研究进展和领域进行拓展研究学习；并采用产学研结合的方式，与数据领域各大企业建立合作机制，使学生在研究与实践中不断提升技术水平和能力。

数据人才培养模式日趋多样化，随着教学管理的复杂性不断增长，原有的教学管理机制明显不适应这些新变化、新需求。本章提出通过对教学管理的理念创新、模式创新、机制创新，借助信息技术，创建多系统、宽覆盖、重创新、个性化、重服务、高效率的现代化教学支撑平台，构建了本硕博一体化的教务管理运行机制，加强高尖端核心人才的培养。

9.2　数据政策制定

《促进大数据发展行动纲要》中明确指出我国数据发展 7 个方面的政策机制，一是建立国家大数据发展和应用统筹协调机制；二是加快法规制度建设，积极研究数据开放、保护等方面制度；三是健全市场发展机制，鼓励政府与企业、社会机构开展合作；四是建立标准规范体系，积极参与相关国际标准制定工作；五是加大财政金融支持，推动建设一批国际领先的重大示范工程；六是加强专业人才培养，建立健全多层次、多类型的大数据人才培养体系；七是促进国际交流合作，建立完善国际合作机制。在技术能力储备及应用实施配套政策两个环节，是数据强国及实现跨越发展的关键。

9.2.1　技术能力储备政策

技术能力储备政策主要针对基础研究及关键技术、人才培养、产业扶持、资金保障 4 个方面进行政策引导。

9.2.1.1　基础研究与关键技术相关政策

在数据应用的技术需求牵引下，数据科学研究显得越发重要。美国大数据战略确立了国家科学基金会在基础研究中的核心地位。为促进基础研究，国家科学基金会采取相关政策措施，包括将向美国加州大学伯克利分校资助 1000 万美元，帮助他们研究如何整合机器学习、云计算、众包（crowd sourcing）三大技术用于将数据转变为信息；提供对地球研究、生物研究等基础性研究项目的拨款等。在关键技术研发方面，联邦部门大数据项目列表详细部署了国防、民生、社会科学等领域的核心关键技术研发。英国大数据研究扶持与技术研发政策包含在《英国数据能力战略》

中，重在体现对高校、研究机构的资金扶持和合作平台搭建。

中国基础研究及关键技术集中在高校及研究机构，也应该借鉴欧美的相关政策，加强对高校、研究机构的数据发展资金扶持，并搭建研究与应用合作平台。

9.2.1.2　人才培养相关政策

人才培养已被各国政府纳入推进大数据发展的重要议程中。美国《大数据研究与发展计划》的一个重要目标是"扩大从事大数据技术开发和应用的人员数量"；通过国家科学基金会，鼓励研究性大学设立跨学科的学位项目，为培养下一代数据科学家和工程师做准备，并设立培训基金支持对大学生进行相关技术培训，召集各个学科的研究人员共同探讨大数据如何改变教育和学习等。英国在《英国数据能力战略》中对人才的培养做出专项部署，包括在初、中等教育中加强数据和计算机课程学习；全面评估当前大学各学科所教授的数据分析技能是否需要进一步完善并实现跨学科交流；通过奖学金、项目资助的形式支持高校培养满足当前和未来数据分析需求的人才；政府与相关专业机构一起强化数据科学这门学科，勾画数据分析行业不同的发展道路。澳大利亚在《公共服务大数据战略》中强化政府部门与大专院校合作培养分析技术专家，同时计划将各类大数据分析技术纳入现行教育课程中，强化人才储备。法国在《政府大数据五项支持计划》中第一步计划便是引进数据科学家（data scientist）教育项目。

针对数据专业人才及应用人才，中国政府应出台相关的人才培养及引进政策，对人才培养做专项部署，甚至包括从初、中等教育中加强数据和计算机课程学习，通过奖学金、项目资助的形式支持高等院校及研究机构开展数据人才培养。同时，还应积极制定引进国际人才的优惠政策。

9.2.1.3　产业扶持相关政策

发挥数据对经济社会发展的真正价值，离不开对数据及相关产业的扶持。在产业扶持方面，《英国数据能力战略》指出英国政府将通过多种途径为大数据产业提供扶持，在资金支持方面，英国政府将为本国公司及有关组织提供更多机遇和便利，以获取欧盟研究与创新资金《展望2020》，该基金是欧盟研究与创新计划，拥有超过700亿预算，旨在提升欧洲科学水平的资金支持，同时将各类大数据分析中心纳入"英国资本投资战略框架"中，促进数据分析技术的研发与产业应用。在产学研结合方面，英国还通过建立研究成果展现门户、搭建多种合作交流平台等方式，促进产业与各类研究、学术机构之间的合作和成果转化。

中国应抓住数据发展的大好机遇，在科学研究及成果转化等方面出台扶持数据产业发展的相关政策。

9.2.1.4 资金保障政策

明确具体资金保障是国外数据政策的一大亮点。继美国宣布投资两亿多美元促进大数据研发后，英国、法国也相继宣布政府对大数据的投资。2013年1月，英国财政部明确将投入1.89亿英镑用于大数据和节能计算技术的研发，旨在提升地球观测和医学等领域的大数据集分析能力。同年4月，英国经济和社会研究委员会又宣布将新增6400万英镑用于大数据研发，其中3400万英镑将用来建立"行政数据研究网络"，用于汇聚政府部门和机构所收集的行政数据，促进发挥政府数据对科学研究、政策制定和执行的作用。法国政府宣布已在2013年投入1150万欧元，用于7个数据市场研发项目，旨在通过试点探索，促进法国大数据发展。这些国家对大数据的投资，体现出一定的共性特征：一是投资领域均是关乎国家竞争力和全民生活福祉的重要领域，这些领域仅凭市场资本无法推动；二是强化投资的核心目的是提高关键领域的数据技术能力，它是市场化应用的前提。

中国已经在数据产业发展方向上，投入大量资金，但是数据作为能源，它的开发和应用前景非常广泛，还应加大资金投入扶持力度。

9.2.2 应用实施配套政策

数据应用的基础是数据足量、全面。为加强各部门所掌握的海量数据资产开放与共享，促进社会应用创新，美国、英国、澳大利亚、法国等国政府相继出台多部数据发展政策。本节在充分借鉴这些政策及我国数据发展实际情况的基础上，给出我国数据政策导向。

9.2.2.1 数据开放与共享政策

目前发达国家相继制定一系列确保公众平等获取数据、开发利用数据的政策法规，大力推动政府数据向公众和社会开放。中国政府应明确提出将数据开放共享政策作为国家科学数据共享的基本国策，为科学研究建立强有力的数据保障，特别是在国家安全角度，确保要在正确的时间将正确的信息分享给正确的人。国家应统一制定信息和数据的开放格式、标准、收费及数据使用许可等，各级政府机构均需制定详细的两年期数据开放策略，逐步实现在线政府信息发布，提升政府信息质量，营造一种开放政府文化并使其制度化，相关机构为开放政府制定可行的政策框架。政府机构应减少对政府信息的过度定级，并要定期进行信息解密，促使政府信息的定密和解密程序有更大的开放性和透明度；为敏感但非涉密信息创造开放、标准的系统，减少对公众的过度隐瞒；政府数据的默认状态应是开放和计算机可读的，增强数据的可获取性和可用性。

9.2.2.2 隐私与数据安全保护政策

数据所带来的一个全新挑战就是对个人隐私与数据安全的威胁。因此，需要通过法规政策强化数据应用过程中对个人隐私与数据安全的保障。当前数据应用所适用的隐私与数据安全保护法规政策大多沿用多年前的法规文件。个别国家已经开始针对数据特点制定专门的隐私与数据安政策。英国在个人隐私保护方面采取多方面措施：一是在英国《开放数据白皮书》中明确将在公共部门透明度委员会（监督各部门数据开放的核心机构）中设立一名隐私保护专家，确保数据开放过程中及时掌握和普及最新的隐私保护措施，同时还将为各个部门配备隐私专家；二是内阁办公室强制要求所有政府部门在处理涉及个人数据时都要执行个人隐私影响评估工作（privacy impact assessments），为此还专门制定了非常详细的《个人隐私影响评估手册》，三是各政府部门开放数据策略中均明确将开放数据划分为大数据（big data）和个人数据（my data），大数据是政府日常业务过程中收集到的数据，可以对所有人开放，而个人数据仅仅对某条数据所涉及的个人自己开放。在数据安全方面，澳大利亚政府于2012年7月发布了《信息安全管理指导方针：整合性信息的管理》为海量数据整合中所涉及的安全风险提供了最佳管理实践指导。中国政府应该借鉴以上做法，明确开放数据划分为公共数据、企业数据和个人数据，并分别制定数据权限，公共数据是政府日常业务所涉及的数据，企业数据是企业运行过程中形成的数据，个人数据是公共数据和企业数据中与个人相关的开放数据。应该设立专门的机构，就数据安全与隐私进行评估、管理和界定，要抓紧修订完善政府信息公开条例，明晰数据开放的权利和义务，界定数据开放的范围和责任。

相信通过数据人才的培养和数据政策的制定能够进一步加快数据在中国各个领域的广泛应用和创新发展，使中国紧跟国际数据前沿，为后续实现超越奠定坚实的基础。

第 10 章
数 据 安 全

　　数据安全贯穿数据发展的始终，是数据广泛应用和有序发展的前提与核心，关系国家的安全、发展与稳定。数据在经济社会中得到广泛应用的同时，数据中包含的大量信息使得数据安全变得异常重要。

　　大量的数据泄露事件让我们意识到需要前沿技术加强防范。2015 年年初发生的 12306 网站用户信息泄露事件，大量 12306 用户数据在互联网上疯传，包括用户账号、明文密码、身份证号码、电子邮箱等，数据被传播售卖，据互联网安全机构统计，泄露的用户信息多达 13 万条。2015 年还发生了网易等多起用户信息泄露等数据泄露事件，给我们敲响警钟。在用数据技术获取有价值信息的同时，"黑客"等不法分子也正在利用这些数据技术最大限度地收集更多的有用信息，对其感兴趣的目标发起"精准"的攻击，我们需要通过前沿科技对数据安全加强防范。

　　有些数据安全问题已经超越了技术所及的范畴。例如，2015 年年末互联网出现多篇文章谈及阿里巴巴的数据安全问题带给了我们深刻的思考。众所周知，阿里巴巴的消费数据覆盖之广、累积之深，全球没有任何一家公司和机构能出其右；阿里巴巴的云计算技术位居业界翘楚，其数据挖掘能力几乎独步江湖。这两项结合起来，使阿里巴巴能够轻而易举地为其用户建立一个细致的个人档案并进行精准的行为预测。因此，阿里巴巴的大数据和云计算简直就是有史以来最为强大的情报搜集和分析系统——通过其大数据和云计算，中国人的一举一动及行为偏好都可以尽在其掌握之中。但是，阿里的股权结构（日资软银占34.1%、美资雅虎占22.4%）

和企业国籍（注册于英属开曼群岛），以及在美国上市的阿里巴巴已不属于中国企业。从国家安全的角度考量，这简直让人不寒而栗①。以下是阿里巴巴的数据挖掘对国家安全造成威胁的两个实例：第一，通过大数据挖掘建立起中国要害人员的个人档案——档主的社会关系、性格禀赋、兴趣爱好、隐私绯闻甚至生理周期和心理缺陷都尽在其中。有了这样一份个人档案，档主的行为偏好及弱点把柄就会被人洞若观火，威胁利诱等策反手段就能事半功倍。可以想象，如果我国各级军官甚至每一个士兵都被敌对国建立了这样一份档案，一旦开战，我方必败无疑；如果我们的外交及经济谈判代表团成员都被对方建立了这样一份档案，谈判的结果也不难想象。甚至可以这样说，如果阿里的大数据能以现在的规模再累积30年，30年后的中国领导人或许会从阿里巴巴的用户中产生。若此，阿里巴巴的大数据和云计算，差不多能披露30年后领导人的个人隐私。第二，通过大数据挖掘建立起中国战略资源的流转及节点图。阿里巴巴的大数据本身就包含各种商品流转的数据，通过各种商品的流转很容易分析出国家各种资源的流转，由此绘制出中国各种战略资源的流转及节点图，包括各种战略资源流转的全部流程、转化的产品形态、持有人、关联系统及相关的地点、时点、数量产能。有了这样一份战略资源的流转及节点图，中国战略资源的薄弱环节就会清晰地展现出来。显然，无论战时还是平时，这样一份战略资源的流转及节点图都可用作瓦解国家安全的导航图。而这些安全威胁都是由于我们法律法规不健全造成的，因此，需要科学有效的法律规范加以约束。

云计算专家李志雷博士认为"数据安全三分靠技术，七分靠管理"，通过技术手段保障数据安全固然重要，但是管理也非常关键。数据安全防范主要由技术和管理两方面构成，因此，本章将从数据安全防范和数据安全管理两个方面进行阐述。

---

① 大数据观察. 2015-04-24. 告诉你：阿里巴巴的大数据有多可怕？www. shuju. net/artide/MDAwMDAwNojuw. html [2016-03-04].

10.1　数据安全防范

数据是生命线，企业数据既要开发也要保护。特别是面对数据基础设施频受攻击及新型网络威胁层出不穷的情况下，数据丢失及泄露风险加大，由此也倒逼数据保护技术创新突破。考虑到影响数据安全的因素众多，数据安全防护体系需涵盖数据产生、传输、处理、应用、维护等全过程，每个环节的安全防范均不容忽视。

10.1.1　数据安全防护体系

本节提出了 3 维数据安全防范体系，该体系包含 3 个维度，分别为数据安全关键环节、数据安全层次级别、数据安全设计准则。其中，数据安全关键环节是指包含信息基础设施建设、数据采集、数据传输、数据存储、数据处理、数据应用、数据服务等各个重要环节的数据安全；数据安全层次级别主要包括物理层安全、系统层安全、网络层安全、应用层安全及管理层安全；数据安全设计准则包括木桶原则、整体性原则、平衡原则、标准化原则、技术与管理相结合原则、分步实施原则、等级性原则、动态发展原则、易操作性原则。

10.1.1.1　数据安全防范体系设计准则

根据防范安全攻击的安全需求、需要达到的安全目标、对应安全机制所需的安全服务等因素，综合考虑可实施性、可管理性、可扩展性、综合完备性、系统均衡性等方面，数据安全防范体系在整体设计过程中应遵循以下 9 项原则。

数据安全的木桶原则是指对信息均衡、全面的进行保护。"木桶的最大容积取决于最短的一块木板"，数据的获取、处理和应用过程是一个复杂的系统,它本身在物理上、操作上和管理上的种种漏洞构成了系统的安全脆弱性,尤其是多用户网络系统自身的复杂性、资源共享性使单纯的技术保护防不胜防。攻击者使用的"最易渗透原则",必然在系统中最薄弱的地方进行攻击。因此,充分、全面、完整地对系统的安全漏洞和安全威胁进行分析、评估和检测(包括模拟攻击)是设计信息安全系统的必要前提条件。安全机制和安全服务设计的首要目的是防止最常用的攻击手段,根本目的是提高整个系统的"安全最低点"的安全性能。

数据安全的整体性原则,要求在网络发生被攻击、破坏事件的情况下,必须尽可能地快速恢复网络信息中心的服务,减少损失。因此,信息安全系统应该包括安全防护机制、安全检测机制和安全恢复机制。安全防护机制是根据具体系统存在的各种安全威胁采取的相应的防护措施,避免非法攻击的进行。安全检测机制是检测系统的运行情况,及时发现和制止对系统进行的各种攻击。安全恢复机制是在安全防护机制失效的情况下,进行应急处理和尽量、及时地恢复信息,减少供给的破坏程度。

安全性评价与平衡原则,对任何网络,绝对安全难以达到,也不一定是必要的,所以需要建立合理的实用安全性与用户需求评价与平衡体系。安全体系设计要正确处理需求、风险与代价的关系,做到安全性与可用性相容,做到组织上可执行。评价信息是否安全,没有绝对的评判标准和衡量指标,只能决定于系统的用户需求和具体的应用环境,具体取决于系统的规模和范围、系统的性质和信息的重要程度。

标准化与一致性原则,系统是一个庞大的系统工程,其安全体系的设计必须遵循一系列的标准,这样才能确保各个分系统的一致性,使整个系统安全地互联互通、信息共享。

技术与管理相结合原则,安全体系是一个复杂的系统工程,涉及人、技术、操作等要素,单靠技术或单靠管理都不可能实现。因此,必须将各种安全技术与运行管理机制、人员思想教育与技术培训、安全规章制度建设相结合。

统筹规划,分步实施原则,由于政策规定、服务需求的不明朗,环境、条件、时间的变化,攻击手段的进步,安全防护不可能一步到位,可在一个比较全面的安全规划下，根据网络的实际需要，先建立基本的安全体系，保证基本的、必须的安全性。随着今后网络规模的扩大及应用的增加，网络应用和复杂程度的变化，网络脆弱性也会不断增加，在此情况下继续调整或增强安全防护力度，保证整个网络最根本的安全需求。

等级性原则是指安全层次和安全级别。良好的信息安全系统必然是分为不同等级的，包括对信息保密程度分级，对用户操作权限分级，对网络安全程度分级（安全子网和安全区域），对系统实现结构的分级（应用层、网络层、链路层等），从而针对不同级别的安全对象，提供全面、可选的安全算法和安全体制，以满足网络中不同层次的各种实际需求。

动态发展原则，要求根据网络安全的变化不断调整安全措施，适应新的网络环境，满足新的网络安全需求。

易操作性原则。首先，安全措施需要人为去完成，如果措施过于复杂，对人的要求过高，本身就降低了安全性。其次，措施的采用不能影响系统的正常运行。

10.1.1.2　数据安全层次级别

物理层安全是指数据产生到应用全过程中物理环境的安全，包括通信线路安全、物理设备安全、机房安全等。物理层安全主要体现在线路备份、网管软件、传输介质等通信线路的可靠性，替换设备、拆卸设备、增加设备等软硬件设备的安全性，设备的备份，防灾害能力、防干扰能力，设备的运行环境（温度、湿度、烟尘），不间断电源保障等。

系统层安全是指数据相关联的所有操作系统的安全，该层次的安全问题来自网络互联网所使用的操作系统的安全，如 Windows NT，Windows 2000 等。具体包含 3 个方面内容，一是操作系统自身缺陷带来的不安全因素，主要包括身份认证、访问控制、系统漏洞等；二是操作系统的安全配置问题；三是病毒对操作系统带来的威胁。

网络层安全是产生传递数据的网络的安全，该层次的安全问题主要体现在网络方面的安全性，包括网络层身份认证，网络资源的访问控制，数据传输的保密与完整性，远程接入的安全，域名系统的安全，路由系统的安全，入侵检测的手段，网络设施防病毒等。

应用层安全是指数据应用过程的安全，该层次的安全问题主要由提供数据服务所采用的应用软件和数据的安全性产生，包括 Web 服务、电子邮件系统、DNS 等。此外，还包括病毒对系统的威胁。

管理层安全是指数据管理过程的安全，包括安全技术和设备的管理、安全管理制度、部门与人员的组织规则等。管理的制度化极大程度地影响着整个数据生命周期的安全，严格的安全管理制度、明确的部门安全职责划分、合理的人员角色配置都可以在很大程度上降低其他层次的安全漏洞。

10.1.2 数据安全防御核心

随着信息化建设的不断发展，信息技术安全建设的重点已经从传统的网络安全、桌面安全、系统安全、应用安全和身份认证管理安全等领域，转向了数据安全。数据中心的安全防御是数据安全的核心。

10.1.2.1 传统数据中心的安全防御

敏感数据"看不见"，核心数据"拿不走"，运维操作"能审计"是数据中心的安全防御的重点。数据中心通常是以防为主，其安全可采用逐层深入的数据纵深防御过程，包括基于防火墙技术的数据阻止和记录，以配置管理为核心的审计和监测，以认证安全为核心的访问控制，以高级安全控制为核心的数据加密和屏蔽。执行过程包括监视威胁并且在其到达数据中心之前阻止、跟踪更改并审计数据活动、控制对数据的访问、防止非认证用户访问数据中心、从非生产数据中删除敏感数据等过程。

构建数据安全最大化体系成熟度模型是反映数据安全现状的最有效方式，包括 6 种状态，即无计划状态，初始状态，待完善状态，稳定状态，经验状态，完美状态。每个状态都包含数据中心防护安全、数据标签安全、数据通信安全、数据认证安全、数据备份安全、数据恢复安全、数据配置安全、认证管理安全、数据审计安全、用户管理安全这些关键环节。

10.1.2.2 云数据中心的安全防御

当前的云数据中心对安全产品的性能要求达到了前所未有的高度，数据中心防护设备必须要做到高性能、高可靠性、灵活部署和可扩展。虽然针对数据中心的安全服务遍及各大行业，甚至很多细分行业领域，但是对于数据中心的安全建设要求还是存在共性问题，高性能和虚拟化是当前数据中心安全防护亟待解决的两大基础共性问题。吞吐量动辄高达百 G 以上，延迟、小包吞吐率（包转发率）、会话能力要求也极高。另外，机房空间、能耗等也是制约数据中心发展的重要因素。因此节能、环保、绿色也是数据中心安全建设的一大要求。

云数据中心安全与传统数据中心安全和传统安全在安全目标、系统资源类型、基础安全技术方面是相同的，但云数据中心又有其特有的安全问题，图 10-1 为云数据中心安全体系与传统数据中心安全体系对比。云数据中心安全运维体系包含云用户安全、云服务安全及云运维安全 3 个部分，每个部分具体组成如图 10-2 所示。

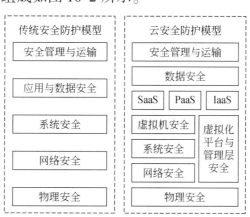

图 10-1　云安全与传统安全对比

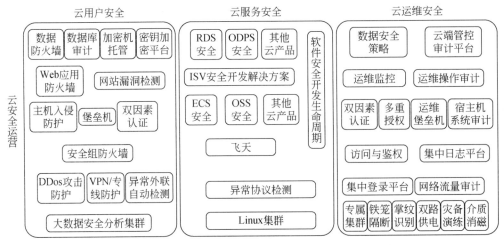

图 10-2　云用户安全、云服务安全及云运维安全

　　数据安全就是云安全体系，基于终端的木马感知云，将大量的可疑样本收集到安全云中，首先进行海量样本分拣，然后将分拣后的样本放入恶意软件分析流水线，最终将分析后的样本进行黑白名单的分类，然后将产生的大数据安全数据提供给云查杀引擎使用。由于该系统是一个生态的自循环系统，因此可以在最短的时间内发现世界上新产生的威胁，将这些威胁分析整理，用于边界防护和终端防护。

10.2　数据安全监管

　　防范与监管是数据安全的两韧利器，信息安全的防范工作不管从国家层面还是从个人角度都可以解决，但从客观角度来说，随着国际争斗，科学技术的迅猛发展，要想从根本上解决数据的安全问题，必须从数据的产生到应用各个环节对数据本源进行防护和有效管理，才能确保数据安全稳定，高效发挥价值。

10.2.1　数据安全管理体系

　　信息安全管理体系起源于英国标准协会 20 世纪 90 年代制定的英国国

家标准 BS7799，是系统化管理思想在信息安全领域的应用。信息安全管理体系是组织在整体或特定范围内建立信息安全方针和目标，以及完成这些目标所用方法的体系。而数据与信息不同，数据是最原始的记录，未被加工解释，没有回答特定的问题，只反映了客观事物的某种运动状态，除此之外没有其他意义。同时，数据呈指数级增加，量又非常大，这就增加了数据安全管理的难度。

　　本节借鉴信息安全管理体系方法，提出构建一体化的数据安全管理体系，如图 10-3 所示，主要包括业务、策略、人员、管理、技术、产品、流程、体系的全方位数据安全管理。根据业务需要在组织中建立数据安全策略，以指导对数据资产进行管理、保护和分配；确定并实施数据安全策略是组织的一项重要使命，也是组织进行有效安全管理的基础和依据。"保护业务，为业务创新价值"是一切安全工作的出发点与归宿，数据安全也不例外。安全管理最有效的方式不是从现有的工作方式开始应用数据安全技术，而是在针对工作任务与工作流程重新设计信息系统时，发挥数据安全技术手段支持新的工作方式的能力。人是数据安全最活跃的因素，人的行为是信息安全保障最主要的方面。从国家的角度考虑有法律、法规、政策问题；从组织角度考虑有安全方针政策程序、安全管理、安全教育与培训、组织文化、应急计划和业务持续性等问题；从个人角度考虑有职业要求、个人隐私、行为学、心理学等问题；从技术和产品角度考虑可以综合采用商用密码、防火墙、防病毒、身份识别、网络隔离、可信服务、安全服务、备份恢复、PKI 服务等多种技术与产品保护数据安全。同时，还要考虑数据安全的成本与效益，采用"适度防范"（right sizing）的原则。建立良好的 IT 治理机制是实施数据安全的基础与重要保证。在风险分析的基础上引入恰当控制，建立 PDCA（plan，do，check，adapt）的安全管理体系，从而保证组织赖以生存的信息资产的安全性、完整性和可用性。安全体系还应随着组织环境的变化、业务发展和信息技术提高而不断改进，不能一劳永逸，一成不变，需要建立完整的控制体系来保证安全的持续完善。

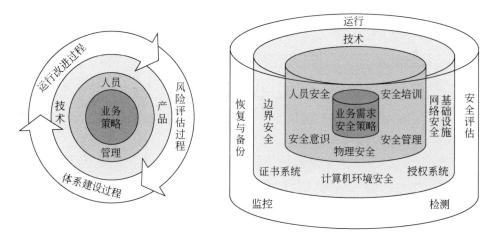

图 10-3　数据安全管理体系

10.2.2　数据安全保障实践

利益驱动下的用户信息的非法收集、窃取、贩卖和利用行为日渐猖獗，数据跨境流动导致国家关键数据资源流失，数据开放共享需求的强烈需求，给我国数据当前的监管机制带来了严峻的挑战。这些问题的背后，是我国防范和监管的统一规范及国际规则的缺乏，是统筹有力的管理和安全保障的缺乏。伴随各个国家对于数据安全重要性认识不断加深，一些发达国家已纷纷从法律法规、战略政策、技术手段、标准评估等方面展开了数据安全保障实践。

10.2.2.1　国际数据安全保障实践现状

（1）聚焦信息共享和跨境流动，完善数据保护法律体系。美国已颁布《2014 年国家网络安全保护法案》、积极推动出台《网络安全信息共享法案》，敦促企业与政府分享网络安全信息。欧盟通过新版《数据保护法》，强调本地存储和禁止跨国分享。俄罗斯 2015 年起实行新法规定，互联网企业需将收集的俄罗斯公民信息存储在俄罗斯国内。

（2）顶层设计与政策落实并重，深化数据安全政策导向。各国纷纷将数据安全作为国家战略的重要组成部分，对数据安全政策进行单独说明。日本 2013 年《创建最尖端 IT 战略》明确阐述了开放公共数据和大数据保护的国家战略；印度 2014 年国家电信安全政策指导意见草案对移动数据保护作出规定。同时，创新政策的落实方式，通过项目模式引导政策落地。法国"未来投资计划"有力推动云计算数据安全保护政策落实；英国"Data. Gov. uk"项目实测开放政府数据保护政策的应用效果。

（3）从关键数据保护关键环节出发，强化安全技术手段。世界各国数据安全保障技术已覆盖数据采集、存储、挖掘和发布等关键环节，已具备传输安全和 SSL/VPN 技术、数字加密和数据恢复技术、基于生物特征等的身份认证和强制访问控制技术、基于日志的安全审计和数字水印等溯源技术等保护数据安全的通用技术手段。此外，数据防泄露（DLP）技术、云平台数据安全等数据安全防护专用技术的研发与应用正不断提速。

（4）完善数据安全标准体系，开展数据安全评估和认证实践。各国和国际标准组织纷纷出台数据安全相关标准指南。美国国家标准与技术研究院（NIST）发布了用户身份识别指南；ISO/IEC 制定了公共云计算服务的数据保护控制措施实用规则。同时，对于数据安全的评估和相关认证体系日渐成熟。美国 TRUSTe 隐私认证得到全球很多国家消费者认可和信赖；欧盟委员会开展数据跨境流动安全评估，成为评判数据能否转移的重要依据。此外，国际安全港认证、合同范本及公司绑定规则等实践促进了数据安全保护水平的提升。

10.2.2.2 中国数据安全保障工作的思考

近年来，中国高度重视数据安全，相继出台《加强网络信息保护的决定》、《电信和互联网用户个人信息保护规定》等法律法规以及多部涉及数据保护的部门规章，发布国家和行业的网络个人信息保护相关标准，在国家和行业层面开展了以数据安全为重点的安全防护检查，取得一定成效。但总体看，我国数据安全单行立法缺失、专用保护技术不足、数据安全评估不够等问题突出，数据安全保障能力亟待进一步提升。因此，应从当前面临的数据安全挑战出发，多管齐下，多措并举，构建全面的数据安全保护体系，着力提升数据安全保障能力。

（1）推进数据安全保护立法进程。加快数据安全立法进程，明确数据保护的对象、范畴和违法责任等，制定关于数据开放共享和跨境流动监管的法律条款。同时，拓宽现有法律的调整范围，将工业互联网、云计算等新技术新应用场景下的数据保护纳入法律调整范畴。

（2）出台国家数据安全保护战略。从国家安全、国家战略资源的高度定位数据安全，强化数据战略统筹。制定通信、金融等重点行业的关键数据和用户信息的跨境流动监管政策，推动立法规范我国公民个人信息的境内存储。积极参与国际规则的制定，提升我国在数据保护领域的话语权，为我国开展数据安全保护营造良好的国际环境。

（3）加强数据安全保护技术攻关。加强数据保护关键技术手段建设，加快身份管理、APT 攻击防御、DDoS 攻击溯源等关键技术研发。加快数据安全监管支撑技术研究，提升针对敏感数据泄露、违法跨境数据流动等安全隐患的监测发现与处置能力。

（4）健全数据安全标准体系和评估体系。统筹规划数据安全相关标准制定，积极开展通用和专用的数据安全标准研发。强化数据安全相关检测与评估，推动开展数据跨境流动安全评估。

大数据时代，机遇与挑战并存。面对新形势新问题，坚持安全与发展并重，筑牢中国大数据安全管理的防线，守卫好中国信息主权和用户隐私，才能防止大而无序、大而无安，真正实现大有所长、大有所用。

第 11 章
数 据 主 权

　　当今世界，信息技术与经济社会的交汇融合引发了数据迅猛增长，数据已成为国家基础性战略资源①，各国发展对大数据的依赖快速上升，国际竞争焦点将从对资本、土地、资源的争夺转向对大数据的争夺，数据主权将成为陆权、海权、空权之后又一个大国博弈领域。各国已经认识到大数据对于国家的战略意义，谁掌握数据的主动权和主导权，谁就能赢得未来。新一轮大国竞争，在很大程度上是通过数据的掌控增强对世界局势的影响力和主导权。

　　数据是信息的载体，信息是数据的高度抽象。2014 年 7 月 16 日，中国国家主席习近平在巴西国会发表演讲时强调："各国都有权维护自己的信息安全，不能一个国家安全而其他国家不安全，一部分国家安全而另一部分国家不安全，更不能牺牲别国安全谋求自身所谓的绝对安全。"数据作为一种战略资源，已不可避免地成为大国博弈的载体，进一步明确和维护"数据主权"已经成为确保国家安全和主权的当务之急。

　　本章提出了数据主权的概念和内涵，从基础设施、核心技术、关键产品、管控制度等方面总结了中国数据主权面临的威胁，分析了美国的数据霸权战略和行动，并提出了中国保障数据主权、维护国家安全的措施建议。

---

① 中华人民共和国中央人民政府网站 . 2015-09-05. 促进大数据发展行动纲要 . http：//www.gov.cn/ zhengce/content/2015-09/05/content_ 10137. htm［2016-6-10］.

11.1 数据主权的内涵

大数据时代，数据安全的概念远远超出了传统数据安全范畴。数据作为一种战略资源，已不可避免地成为各种利益诉求的焦点、大国之间博弈的载体。数据安全既影响商业、金融和经济安全，也可能涉及意识形态、文化安全，甚至可能引发社会动荡、改变战争形态、威胁国家政权安全。特别是数据跨国境流动带给国家安全的威胁，使数据安全上升到了维护国家主权和核心利益的高度，极大地丰富了传统数据安全的概念，"数据主权"的概念应运而生。本节借鉴国内外的相关研究成果，从国家（政府）、数据运营者（企业）、个人（公民）3个层面提出了数据主权的概念。

11.1.1 国家数据主权

国家数据主权是指国家对本国管辖地域范围内的任何个人和组织所收集或产生的数据，以及这些数据存储、处理、传输、利用的运营主体、设施设备等进行独立管辖，并采取措施使其免受他国侵害的权力。对于国家数据主权，《数据权、数据主权的确立与大数据保护的基本原则》一文强调应包括两个方面：一是数据管理权，即一国对本国数据的传出、传入和对数据生成、处理、传输、存储、利用、交易等的管理权，以及对数据资产纠纷所享有的司法管辖权；二是数据控制权，即一国对本国数据采取保护措施，以免数据遭受篡改、伪造、毁损、窃取，保障数据的真实性、完整性和保密性的权力（齐爱民和盘佳，2015）。相较于传统的数据安全，对数据跨国境流通的管理是数据主权的重要内容，不仅包括数据本身的管控，而且包括对相应的数据中心、骨干网络等数据基础设施的全面监管。

11.1.2 数据运营者主权

数据运营者主权是指法人和任何其他组织在遵守所在国家法律法规的

前提下，对所掌握的数据进行分析、处理、利用，并采取措施使其免受非法监控、窃取和利用的权利。典型的数据运营者包括政府机关，移动通信、金融、能源、交通、水利、医疗卫生、社会保障、互联网等领域的企业、研究机构和其他组织。特别是掌握大量用户数据的企业，有责任采取相应技术手段以确保数据业务持续稳定运行、未经授权不会改变用途、不会遭到非法破坏和窃取，做到安全技术措施同步规划、同步建设、同步使用，并接受政府主管部门的指导和监督。

11.1.3　个人数据主权

个人数据主权是指个人遵守所在国家法律法规的前提下，对自身产生的数据进行自由处置，以及免受非法监控、窃取和利用的权利。对于个人数据主权，《大数据领导干部读本》认为应包括数据决策权、数据更正权、数据保密权、数据查询权、数据更正权、数据封锁权、数据删除权和数据报酬请求权等（王露，2015）。数据决策权，是指数据主体享有决定其个人数据是否被收集、处理与利用，以及以何种方式、目的、范围进行收集、处理与利用的权利。《数据权、数据主权的确立与大数据保护的基本原则》认为：数据保密权是指数据主体请求数据管理者保持其个人数据隐秘性的权利。数据查询权，是指数据主体就其被收集、处理与利用的个人数据进行查询的权利。数据更正权，是指自然人请求数据管理者更正错误或者过时数据，以及补充必要数据的权利。数据封锁权，是指在法定或约定事由出现时，数据主体请求数据管理者以一定方式暂时停止对特定个人数据进行处理和利用的权利。个人数据的正确性与完整性处于争议或者不确定的状态，是数据主体行使封锁权的事由。数据删除权，是指在法定或约定的事由出现时，数据主体得以请求数据管理者删除其个人数据的权利，删除的目的是使原个人数据不能再识别自然人。数据报酬请求权，是指当信息管理者以盈利为目的收集、处理与利用个人数据时，数据主体向数据管理者请求支付对价的权利。为保障个人对自身数据的合法权益，须严格规定政府、企业和其他组织收集、传输和利用个人数据的必备要件，其收集和处理个人数据必须遵循目的明确原则、知情同意原则、目的限制原则和禁止泄露原则，否则，须承担相应的法律责任。

11.2　数据主权面临的严峻威胁

由于互联网源自美国这一深远的历史原因，以及大数据关键基础设施、关键技术、核心产品无法自主可控、数据跨境监管制度尚不健全的现状，我国的数据主权以及相应领域国家安全面临着重大现实威胁。

11.2.1　数据"心脏中枢"受制于人

由于复杂的历史原因，美国牢牢掌握大数据赖以运转的互联网的主导权，对互联网根服务器、域名解析、通信协议制定具有绝对控制力，由此导致了全球大数据的运转必须绕道美国。这使得各国数据主权很大程度上掌握在美国政府手中。美国能够轻而易举的获取、存储各国网民的原始数据并加以分析。此外，一旦到战争、冲突等非常时期，美国能够运用独有技术手段，让他国在网络空间的存在瞬间消失，面临退回大数据时代之前的混乱局面。

11.2.1.1　美国掌握全球数据转运"中枢"的绝对控制权

全球数据运转依赖于互联网，而互联网的"心脏"由美国掌控。从历史上看，互联网的前身是 20 世纪 60 年代美国国防部建立的 ARPA 网，因此，美国从一开始就牢牢掌握着互联网核心设施、关键技术、重要协议的绝对主导权。目前，互联网共有的 13 台根服务器中，唯一的主根服务器在美国，12 台辅根服务器中有 9 台在美国。全球所有的互联网访问都需进行域名解析工作，而这一工作由美国商务部控制的互联网域名与地址监管机构（The Internet Corporation for Assigned Names and Numbers，ICANN）

来完成。根据其与美国商务部签署的协议，ICANN 拥有全球范围互联网地址的分配权，维护着 200 多个国家顶级域名、国际顶级域名以及 DNS 服务器，主导了 TCP/IP 族协议、ATM 网络通信协议、以太网协议等重要协议的制定。虽然 ICANN 是一家私营公司，但其在美国商务部的授权之下管理 13 台根服务器和域名系统，商务部随时有权否决 ICANN 的决定。据人民网报道，2014 年 3 月 14 日，美国商务部下属的国家电信和信息局宣布在一定条件下，将放弃对由 ICANN 管理的互联网号码分配机构（简称 IANA）的监督权①，但移交 IANA 监督权并不意味着美国真的放弃自身利益，ICANN 与美国的关系还受到另一份文件制约，该文件明确要求 ICANN 继续保持非营利机构的身份，将总部设于美国境内，这意味着 ICANN 将继续受美国法律的约束。另据 IDC 评述网 2015 年 08 月 20 日报道，美国商务部接下来几年仍将和 ICANN 签署新的合同，原本停止监督管控该互联网机构的计划将会延后。

11.2.1.2　网络域名解析主导权决定了全球数据对美国"单向透明"

中国的互联网要想与不同国别顶级域名之间进行数据传输，都是通过美国控制下的根服务器进行衔接和导引的。据《第一财经日报》于 2008 年 1 月援引中共中央党校的一份报告推算说，中国每年向美国支付的使用现有国际互联网的费用，包括域名注册费、解析费和信道资源费及设备、软件的费用等，高达 5000 亿元以上，超过了当年中国国防预算的数额，相当于当年云南全年的 GDP（5700 亿元），占到广东当年 GDP（35 696 亿元）的 1/7②。《中国域名经济》丛书主编沈阳说，通用顶级域名（gTLD）注册费，一个是 5.5 美元，中国大概有 300 万个，一年就达到 1650 万美

---

① 陈一鸣. 2014-03-17. 美国宣布将移交互联网管理权. http://world. people. com. cn/n/2014/0317/c1002-24648857. html［2016-6-10］.

② 新华网转引《第一财经日报》. 2008-01-25. 中国使用互联网每年需向美国支付 5000 亿元. http://news. xinhuanet. com/internet/2008-01-25/content_ 7491699. htm［2016-06-10］.

元；中国去美国的单向流量信道费 2004 年是 10 亿元①。这不仅导致了高昂的经济成本，更使我国政治、经济、军事等各领域信息置于美国监控之下。

随着我国网民数量和.cn 域名注册需求的大幅上升，中国引进了镜像服务器，这使得.cn 域名和.com 域名的解析速度得到提升。但相关研究认为，引入镜像服务器所带来的严重后果是，一旦中国、美国发生冲突，美国政府可以掐断中国的根服务器镜像和.com 域名镜像，所有使用.com 域名的网站都将无法访问，中国的互联网将陷入瘫痪，后果不堪设想②。这已经在其他国家得到验证。2014 年 6 月 24 日的《人民日报》指出："理论上，只要在根服务器上屏蔽该国家域名，就能让这个国家的顶级域名网站在网络上瞬间'消失'③。譬如，伊拉克战争期间，在美国政府授意下，伊拉克顶级域名'.iq'的申请和解析工作被终止，所有网址以'.iq'为后缀的网站从互联网蒸发。"

11.2.2 数据"骨干枢纽"尚难自主

互联网大数据流转的主干通道和关键枢纽是骨干网（backbone network），即用来连接多个区域或地区的高速网络。思科作为全球最大的路由器、交换机设备制造商，在我国骨干网核心节点当中占有极高的市场份额，对我国数据主权构成较大威胁。据《中国经济和信息化》的记者调查，中国电信 163 骨干网和中国联通 169 骨干网承担了中国互联网 80%以上的流量，思科占据了中国电信 163 骨干网络约 73% 的份额，把持了163 骨干网所有的超级核心节点和绝大部分普通核心节点；思科占据了中

---

① 互动百科"百科观察"条目. 2014-01-24. 中国每年需付美国多少"网费". http://guancha. baike. com/articles/6039. html［2016-6-10］.

② 执著人生新. 2012-12-13. 中国网络跟服务器在美国. http://blog. sina. com. cn/s/blog_ 49dd0c150102e8oi. html［2016-6-11］.

③ 王远. 2014-06-24. 从网络大国走向网络强国. http://opinion. people. com. cn/n/2014/0624/c1003- 25189448. html［2016-6-20］.

国联通 169 骨干网约 81% 的份额，占据了所有的超级核心节点、国际交换节点①。这对中国数据安全和主权构成了严重威胁。

中国专业智库"互联网实验室"研究指出，除电信行业外，思科在相关领域也占据垄断地位。根据《中国经济和信息化》刊载的"互联网实验室"的统计数据，在金融行业，中国四大银行及各城市商业银行的数据中心全部采用思科设备，思科占有了金融行业 70% 以上的份额；在海关、公安、武警、工商、教育等政府机构，思科的份额超过了 50%；在铁路系统，思科的份额约占 60%；在民航，空中管制骨干网络全部为思科设备；在机场、码头和港口，思科占有超过 60% 以上的份额；在石油、制造、轻工和烟草等行业，思科的份额超过 60%，甚至很多企业和机构只采用思科设备；在互联网行业，腾讯、阿里巴巴、百度、新浪等排名前 20 的互联网企业，思科设备占据了约 60% 份额，而在电视台及传媒行业，思科的份额更是达到了 80% 以上①。"互联网实验室"指出，思科之所以能如此快速扩张，得益于中国地方政府的"不设防"甚至是欢迎的态度①。

骨干网核心设备受制于人的现状，已经成为中国数据主权和国家安全的重大威胁。特别是外国势力容易对思科产品植入"后门"，对中国关键领域的数据进行窃取和分析。一些企业已经认识到数据"骨干网络"受制于人的巨大潜在隐患。例如，据《每日经济新闻》的报道，中国联通于 2012 年更换已经使用的思科设备，江苏联通公司对外公开表示，经中国联通总部统一安排，中国联通两大骨干网之一的 China169 骨干网江苏无锡节点核心集群路由器已完成搬迁，思科路由器全部被更换②。

11.2.3 数据"末梢神经"广被渗透

外资企业占据了大数据终端设备的庞大市场份额，使数据安全面临极

---

① 中国新闻网. 2012-11-27. 数据显示中国网络信息安全受思科等美企威胁. http://www.chinanews.com/it/2012/11-27/4361718.shtml［2016-08-20］.

② 齐文婷. 2012-10-26. 思科设备遭中国联通替换 产品被指存在后门和漏洞. http://tech.ifeng.com/telecom/special/zhonghua/content-3/detail_2012_10/26/18580731_0.shtml［2016-8-10］.

大风险和挑战。这些企业广泛渗入笔记本电脑、智能手机、数据库、操作系统、办公软件等大数据的终端，广泛掌握我国用户数据。据公开发布的数据，截至 2015 年年底，微软在中国桌面操作系统市场占有率超过 90%；Android 系统在我国手机操作系统市场份额超过 70%；甲骨文、IBM 合计占据中国数据库市场超过 70% 的份额；美国的 IE、Chrome 合计超过中国浏览器市场份额的 70%；《中国经济和信息化》研究称，中国的信息安全在以思科为代表的美国"八大金刚"（思科、IBM、谷歌、高通、英特尔、苹果、甲骨文、微软）面前形同虚设[①]。这些企业有时迫于压力需要与美国情报部门合作，运用他们的产品与服务的便利条件获取中国政府、企业和个人的敏感数据。例如，据路透社报道，苹果公司已经承认苹果手机可以通过未公开的技术，获取包括短信、联系人列表、照片等在内的个人数据。虽然苹果公司否认这是给产品安装了隐私信息的"后门"，但从美国"棱镜计划"被曝光的情况来看，苹果公司极有可能将这些数据透漏给美国情报机构[②]。

经济利益和监管缺失助长了个人信息的泄露和非法利用。在利益驱动下，金融、移动通信、大型互联网企业积极采集利用用户数据，已经形成了从采集、分析、开发到销售的数据产业链。同时，个人数据泄露并被用于非法牟利的风险也日益增大。例如，央视 3·15 晚会上曝光的 Android 手机软件泄露用户隐私信息问题。复旦大学计算机科学技术学院王晓阳表示，58% 以上的 Android 软件都存在隐私信息泄密的问题，获取通信录已经成为了行业的潜规则[③]。2015 年腾讯公司发布的《网络黑色产业链年度报告》称网络黑色产业链已经从过去的黑客攻击模式转化为犯罪分子的敛财工具和商业竞争手段，呈现出明显的集团化、产业化趋势[④]。

---

① 中国新闻网. 2012-11-27. 数据显示中国网络信息安全受思科等美企威胁. http://www.chinanews.com/it/2012/11-27/4361718.shtml［2016-8-20］.

② 中国新闻网. 2014-07-28. 苹果承认可通过未公开技术提取 iPhone 用户信息. http://www.chinanews.com/cj/2014/07-28/6429783.shtml［2016-6-5］.

③ 李珅. 2013-03-16. 58% 安卓软件被曝泄露隐私获取通讯录成潜规则. http://digi.tech.qq.com/a/20130316/000024.htm［2016-6-5］.

④ 人民网. 2015-01-22. 腾讯发布公告：网络黑色产业链 呈现出三大变化. http://news.xinhuanet.com/zgjx/2015/01/22/c_133937715.htm［2016-6-5］.

外资控股互联网企业对中国数据安全构成了重大潜在威胁。2014 年 9 月上市的阿里巴巴集团通过旗下的淘宝网、天猫网等占据了中国网络零售业超过 70% 的市场份额，获取了国内数以亿计用户的身份信息、个人偏好、个人财务信息，同时掌握了海量的金融数据。必须看到，在阿里巴巴集团的股权结构中，前两位股东分别为日本的软银集团和美国的雅虎公司，合计持股比例超过 50%。这其中隐藏了巨大的数据安全隐患。一旦阿里巴巴集团的用户数据被国外势力恶意利用，后果不堪设想。

11.2.4　数据跨境监管制度滞后

随着互联网技术迅猛发展与深入应用，跨国企业在不同国家的分支机构之间传输海量商业数据，数据的跨境流动已经成为必然趋势，随之带来数据跨境流动安全问题。我国政府对跨境数据流动监管尚处于探索阶段，滞后于发达国家。

11.2.4.1　中国的数据跨境管理制度难以适应形势要求

中国互联网行业几大巨头均为外资控股，如果受国外势力影响，极容易造成中国互联网用户海量数据在无监管的情况下出境。例如，阿里巴巴上市的招股说明书显示，阿里巴巴最大的股东是日本的软银（34.1%）和美国的雅虎（22.4%）。马云个人持股占比 8.9%，联合创始人蔡崇信持股占比 3.6%。IPO 后西方资本可能还将增长 10%，也就是说阿里巴巴 70% 左右的股权归外国资本所有。因此，从最终的股权结构看，阿里巴巴属于一家外资控股企业[①]。再例如，截至 2015 年 11 月，腾讯公司的股权组成为：股东国际传媒大鳄米拉德国际控股集团公司（MIH）（BVI）的股本占比是 34.27%，Advance Data Service Limited 的股本占比是 10.6%，南非联合银行集团有限公司（ABSA bank limited）的股本占比是 6.32%，

---

① 人民网（IT 频道）. 2014-05-07. 阿里股权结构曝光：马云持股 8.9% 日本软银为最大股东. http://it. people. com. cn/n/2014/0507/c1009-24986041. html［2016-6-7］.

马化腾个人的股本占比是 10.6%，联合创始人张志东的股本占比是 3.63%。从股权结构上看，腾讯公司超过 51% 的股权归外国资本所有，腾讯也属于外资控股企业①。实际上，中国互联网行业的其余几大"巨头"，如百度、京东、网易、卓越等也均为外资控股企业。虽然这些互联网巨头强调公司的管理、经营权尚掌握在中国团队手中，但是管理、运营权并不意味着控制权。与之形成鲜明对比的是，美国大多数基于全球市场的跨国互联网企业，都是由美国股东控股、管理和运营。

中国数据跨境监管的政策环境较为滞后。《国外跨境数据流动安全管理措施对我国的启示》一文全面总结了中国跨境数据流动安全管理制度的存在的 3 个主要问题②：一是尚未建立完善的跨境数据流动法律制度。国家对跨境数据流动的总体态度不明确，监管体系、部门职责、数据分类管理、数据主体权利义务、安全审查、评估与认证等制度尚待确立。二是企业缺乏跨境数据流动安全管理自律意识，安全义务尚未落实，企业通过服务外包、合作等渠道泄露关键数据的情况时有发生，企业普遍尚未建立数据分级分类管理、约束合作方、保护个人隐私等内部制度。三是缺乏跨境数据流动领域的国际互信机制，企业国际化面临羁绊，在实践中，中国参加的跨境数据流动国际机制较少，未能和世界主要国家或经济体建立跨境数据流动方面的合作与互信，国际话语权薄弱。

11.2.4.2 各国跨境数据管理制度日益完善

美国、欧盟、俄罗斯、澳大利亚等国家或地区以维护本国数据主权为目的，通过立法和建立双边协作机制，逐步构筑了较为完善的跨境数据管理制度。

建立跨境数据流动分级管理制度。《国外跨境数据流动管理制度及对我国的启示》指出，跨境数据分级管理是指对不同数据的安全等级，分

---

① 世界之最网. 2016-01-12. 腾讯最大股东是谁? 南非 MIH 控股高达 34% [2016-6-7].
② 石月. 2015-07-23. 国外跨境数据流动管理制度及对我国的启示. http://gb.cri.cn/42071/2015/07/23/6611s5041096.htm [2016-7-3].

别采取不同保护措施，确保跨境数据流动不会危及国家安全和国民权益[①]。该文综合分析国外数据跨境分级管理的主要做法，包括三个层级：一是重要数据禁止流动。例如，美国外资安全审查机制明确要求外资网络运营商与电信小组签署安全协定，保证其通信基础设施位于美国境内，确保美国国民用户数据仅存储在美国境内。根据《观察者网》报道，2014年俄罗斯出台的法律明确规定掌握俄罗斯公民信息的互联网公司（包括苹果、谷歌、Facebook 等）必须将这些俄罗斯公民用户数据存储在俄罗斯境内的服务器上[②]。二是对政府和公共部门的一般数据和行业技术数据有条件的限制跨境流动。例如，澳大利亚《政府信息外包、离岸存储和处理 ICT 安排政策与风险管理指南》将政府信息分级，其中对于非保密的信息，要求政府机构进行安全风险评估之后才能实施外包。三是普通个人数据允许跨境流动，但需要数据流入国满足一定安全认证要求。目前多个国家都参与了数据跨境流动的国际或国家间认证，为本国数据流出和接受他国数据流入搭建通道。

建立双边数据跨境合作机制。一些欧美国家通过谈判，建立了数据跨境流动管理的双边合作机制。其中较为典型的是美国与欧盟之间曾长期履行"数据安全港"协议。承诺遵守"数据安全港"协议的美国企业能够获得处理来自欧盟成员国数据的资格[①]。《数据主权、数据贸易与数据规制——欧盟的新进展》一文指出，由于"数据安全港协议"无法充分保证欧洲公民的数据隐私，2015 年 12 月，欧盟最高法院裁定运行长达 15 年之久的"数据安全港"协议无效并予以撤销。双方随后达成了新的协议——"隐私保护协议"，加强了对欧盟数据主权的维护，主要措施包括：美国公司将承担更多的数据隐私保护责任，美国商务部负责监督美国公司所做出的数据保护承诺；美国政府给出书面承诺，保证美国执法机构只在明确限制条件和监管之下才对欧洲公民数据进行审查，而非采取一般性、不加区分的大规模审查；欧盟和美国商务部每年都将对美国执法机构

---

① 石月. 2015-07-23. 国外跨境数据流动管理制度及对我国的启示. http://gb.cri.cn/42071/2015/07/23/6611s5041096. htm［2016-7-3］.

② 观察者网（科技）. 2014-07-07. 俄罗斯通过互联网新法 公民个人数据必须存在国内服务器上. http://www.guancha.cn/Science/2014_07_07_244460. shtml［2016-8-6］.

的行为举行联合评估等①。

11.3　美国的数据霸权战略

美国借助互联网、大数据领域核心技术的压倒性优势，强势推出《网络空间国际战略》、《全球网络自由法案》等一系列的重要文件，实施慑战并举的数据安全战略，建立严格完善的信息设施审查制度，构建无孔不入的数据情报体系，以确保自身在全球大数据领域的主导甚至霸权地位。

11.3.1　慑战并举的数据安全战略

美国的数据战略经历了从防御为主、强化控制再到主动出击的不同阶段。9·11恐怖袭击事件后，美国政府开始对网民活动和数据流动实施公开化的监视。奥巴马政府将为这一行动发展为更具进攻性的战略，发布了《网络空间国际战略》等多个战略文件，并加强网络司令部、国防部、国土安全部的合作，甚至开始对包括盟国在内的全球数据流动的监控。

11.3.1.1　全面监控——9·11事件催生的"积极防御"政策

小布什政府之前，美国主要实行以数据基础设施保护为核心的数据安全管控战略。2003年2月，克林顿政府公布了《国家网络安全战略》，将网络信息安全战略提升到新的高度。小布什政府上台后，2001年9·11事件的发生，为美国政府加强对个人数据的监控提供了前所未有的有利时机。《美国国家网络安全战略的演进及实践》一文指出，2002年的一项调

---

① 微头条网. 2016-05-01. 数据主权、数据贸易与数据规制——欧盟的新进展. http://www.wtoutiao.com/p/1f9MfFV.html［2016-6-20］.

查显示，47%的受访者认为政府应采取必要措施避免美国发生恐怖袭击，包括可能侵犯公民权利的措施；到了 2003 年，仍有 31%的受访者支持这一观点；盖洛普公司的民意调查显示，民众至少在 9·11 事件发生后的 4 年间愿意为"安全"牺牲一定程度的自由。小布什和奥巴马政府先后颁布了多个总统令加强网络空间安全管理，美国的数据安全战略经历了从被动防御向积极防御的转变。美国政府运用特定的信息系统，监视特定范围内信息的流动以及用户的活动，且主要分为对外监控和对内监控：对外监控主要由国家安全局负责，其基础源自冷战时期遗留下来的对苏情报技术搜集系统，综合美国自身的解密档案，以及英国美国部分个人以及机构的调查报告，美国国家安全局凭借 20 世纪 40 年代与英国、加拿大、新西兰、澳大利亚签署的《五国情报交换协议》，在全球范围建立并完善了一套名为"梯队"（Echelon）的监控系统，具备全面监听电话、手机、传真、电子邮件、网页浏览、即时通信等通信手段的能力，每天能够处理近 10 亿次的通信。对内监控方面，随着 2001 年《爱国者法案》的通过，政府得以监控民众数据流动并要求私营公司向政府提供用户互联网活动数据，以配合国家反恐需要。这些重大决策使得美国以全面掌控为特征的数据安全战略逐步形成（沈逸，2013）。

11.3.1.2 主动出击——掌控全球"制数据权"

自 2008 年奥巴马上台以来，美国官方一直奉行"网络威慑战略"。这是美国数据安全战略的根本性转变，面向全球网络空间的"积极防御"甚至主动进攻正在全面铺开。

据《人民日报》报道，2011 年 5 月 16 日，美国白宫、国务院、司法部、商务部、国土安全部和国防部等公布了题为《网络空间国际战略》的文件。该文件称，美国将通过多边和双边合作确立新的国际行为准则，加强网络防御的能力，减少针对美国政府、企业，尤其是对军方网络的入侵；美国将网络自由和网络安全挂钩，如果网络攻击威胁到美国国家安全，将不惜动用军事力量；美国保留一切回应重大网络攻击的所有必要方式，包括外交、信息技术、军事和经济手段；美国将建立和加强同北约等军事盟友之间的合作，发展进行网络自我防御的共同方式方法，应对来自国家和非国家行为主体对网络安全的潜在威胁①。另据新华社报道，2013年3月12日，美军网络司令部司令亚历山大表示，美国正组建40支网络安全部队，任务是打击对美国发动电子攻击的威胁，这次网络部队的扩张定位也很明确——不在于防守，而在于进攻②。《学习时报》刊文指出，整个美军的网络战部队将于2030年左右全面组建完毕，它将担负起网络攻防任务，确保美军在未来战争中拥有全面的信息优势③。据英国媒体最近披露，美国军方已酝酿组建空军网络作战司令部，负责选拔"实施网络战"的人才，组织、培训和装备美国空军网络战"战士"③。

此外，2007美国国会通过的《全球网络自由法案》，将所谓的网络自由作为政治工具，明显对他国采取双重标准，凸显了其掌控全球"制数据权"的野心。《求是》杂志刊文指出，美国《全球网络自由法案》要求美国国务院列出"限制互联网使用国家"清单，禁止向这些国家出口网络审查和监视技术④；美国《纽约时报》报道，美国政府投入巨资研发推广"影子互联网"等破网技术，来帮助伊朗、叙利亚、利比亚等国的反对派避开本国的网络监控或封锁。由此可见，虽然美国在国内限制和剥夺公民自由，但却无条件地要求他国实施所谓的互联网自由，以维护其对于全球互联网数据的绝对霸权地位④。

---

① 新华网转引《人民日报》. 2011-06-03. 美国加紧抢占网络军事制高点. http://news. xinhuanet. com/ 2011-06/03/c_ 121491718. html［2016-8-10］.

② 新华网（新华每日电讯）. 2013-05-10. 美国正组建40支网络部队. http://news. xinhuanet. com/mrdx/ 2013-05/10/c_ 132373478. html［2016-7-1］.

③ 刘忠厚. 现在和未来的网络战. http://www. china. com. cn/xxsb/txt/2006-11/27/content_ 7414600. html ［2016-7-7］.

④ 郭纪. 2013-08-01. 网络不应成为美国霸权新工具——从"棱镜门"事件说开去. http://www. qstheory. cn/zxdk/2013/201315/201307/t20130729_ 253893. html［2016-7-7］.

11.3.2 严格完善的信息设施审查

美国高度重视保护国家关键基础设施免遭网络攻击。布什政府发布了《信息时代的关键基础设施保护》战略；奥巴马政府于 2010 年 2 月发布了《2009 网络安全法》，给予总统"宣布网络安全紧急状态"、"允许关闭或限制国家安全的重要信息网络"的权利。近 10 年来，美国政府出台的大量法律文件也凸显了美国对数据基础设施保护措施的层级之高、力度之强。

《中国网络安全审查制度的建设》一文全面总结了美国信息系统的安全审查制度，包括以下三个方面①。

一是对于国家安全系统，其使用的非密码类信息技术产品必须经过美国国家信息安全保障联盟（National Information Assurance Partnership，NIAP）通用准则（Common Criteria，CC）认证；用于保护涉密信息的密码产品一般由国家安全局（National Security Agency，NSA）定制。此外，美国对信息系统产品供应链实施全面安全风险管理。2013 年 11 月 18 日，美国国防部在《联邦采办条例国防部补充条例》中新增了网络安全临时政策——《供应链风险要求》，要求国防部对采购的信息产品和服务实施供应链安全风险评估。国防采购人可以拒绝采购未达到供应链安全风险评估等级的产品和服务，并要求供应商不得采用不符合要求的下级供应商的产品和服务。美国的信息技术供应链安全风险评估政策并没有公开任何具体要求或流程，且规定国防采购人不得将不采购决策的理由告知供应商。

二是对于联邦信息系统，2002 年《联邦信息安全管理法》（FISMA），对联邦信息系统、信息系统组件、信息系统服务的采办作了明确规定：供应商应进一步增强过程和安全措施的透明性；供应商应对下级供应商的过程和安全措施进行审查；应当从情报和执法机构了解供应商的背景、信誉等信息；限制从特定供应商或国家采购等。2011 年，美国启动了联邦风险与授权管理计划（FedRAMP），该计划建立了云计算服务安全审查制

---

① 左晓栋，王石. 2015-09-21. 中国网络安全审查制度的建设. http://www.cssn.cn/zt/zt_zh/zkzt/hlwaq/wlaqsc/201509/t20150921_2409496.shtml［2016-8-6］.

度，规定由第三方评估机构对云计算服务进行安全风险评估，联合授权委员会根据评估结果对云服务商进行审查，对通过审查的云计算服务给予初始授权，联邦政府在初始授权名单中根据自身需要选择通过审查的云计算服务商。美国 2015 年 4 月发布的《信息安全技术云计算服务安全能力要求》，对信息技术产品和服务的风险防范提出了更系统、更专业的要求。

三是对于重点行业信息系统，由于各行业普遍依赖于信息技术，美国政府对重点行业的供应链安全采取了一系列超常规措施，包括对重点行业采购国外产品或服务的个案加以干涉，抹黑竞争力强的外国企业等。比较典型的是，2011~2012 年，美国国会对华为技术有限公司（简称华为）和中兴通讯股份有限公司（简称中兴通讯）进行了 18 个月的审查。2012年 10 月，美国众议院情报委员会发布关于华为与中兴通讯调查报告，以企业不透明、内设党委、有军工股份、企业负责人有军队履历等为由，在无充分证据支撑的情况下，认为华为、中兴通讯对美国数据安全构成威胁，并要求美国情报机构要保持警觉并采取积极措施，要求美国政府系统不采购华为或中兴通讯的产品和服务，并禁止华为参与美国应急通信网络建设。这个报告在很大程度上阻断了华为和中兴通讯打开美国市场的可能性，使华为彻底退出了美国市场。

美国政府强力干涉外资企业特别是中国企业正常商业行为的做法由来已久。据公开报道，早在 2008 年，华为迫于美国外国投资委员会的压力，放弃了对美国路由器厂商 3Com 的收购；2010 年 8 月，华为与美国电信商 Sprint 价值 60 亿美元的电信合同在商务部的警告下不得不终止；2011 年 2月，华为迫于美国政府压力，放弃收购美国三叶系统公司。根据《新京报》报道，斯诺登提供的文件显示，美国国家安全局直接在华为的网络中植入自己的后门，而这一行动的目标之一是找到华为与中国军方之间联系的证据，同时监控华为高管的通信，并收集华为产品的信息；这一计划随后升级为利用华为技术中的漏洞，美国国家安全局可以通过入侵华为的设备来进行监控①。这些干涉正常商业行为的理由没有任何有力的证据支

① 新华网转引新京报. 2014-03-24. 斯诺登曝美国安局曾入侵华为总部服务器 华为强烈谴责. http://news. xinhuanet. com/fortune/2014-03/24/c_ 126304796. htm ［2016-6-20］.

撑，反而凸显了美国担心别国运用自己曾经使用的手段危害其国家安全。

11.3.3　无孔不入的数据情报体系

随着斯诺登的爆料和"棱镜计划"（PRISM）更多的情况披露，可以看出美国政府、立法机构、司法部门、大型互联网企业深度联合，凭借其在全球政治、经济、科技方面的压倒性优势，构建了"政企联合"的超大规模数据情报体系、超强能力的数据情报存储与分析体系，开展大规模的互联网情报战。同时，美国政府积极支持跨国活动分子的网络颠覆行动，为了谋求自身的所谓绝对安全、大肆危害别国安全和利益。

11.3.3.1　构建政企联合的超大规模数据情报体系

2013 年 5 月 20 日，美国中央情报局前职员爱德华·斯诺登携美国绝密文件藏身香港，并于 6 月 5 日起陆续向英国《卫报》和美国《华盛顿邮报》等媒体披露美国国家安全局主导的情报监控项目——棱镜计划，引发全球高度关注。根据媒体提供的资料，棱镜计划是一项自 2007 年起开始实施的绝密电子监听计划，其正式名号为"US-984XN"，项目年度成本约 2000 万美元；"棱镜计划"主要针对电子邮件、即时消息、视频、照片、存储数据、语音聊天、文件传输、视频会议、社交网络资料等进行监控，甚至可以实时监控一个人正在进行的网络搜索内容；棱镜计划是美国国家安全情报的重要来源，仅 2012 年美国"总统每日简报"即引用了 1477 项来自棱镜计划的数据，美国国家安全局至少有 1/7 的报告使用"棱镜计划"的数据[①]。

"棱镜计划"绝非仅仅依靠美国安全部门就能实现，而是一个"政企联合"的大规模、辐射状的数据情报复杂系统。据公开的资料，"棱镜计划"至少牵涉了 9 家互联网巨头（谷歌、微软、雅虎、苹果、Facebook、

---

① 搜狐新闻转引南方都市报. 2013-06-14. 棱镜项目揭秘：年耗资 2 千万美元监控 10 类信息. http:// news. sohu. com/20130614/n378776996. shtml［2016-8-3］.

PalTalk、YouTube、Skype、AOL)、4 家美国情报机构（联邦调查局、中央情报局、国家安全局、国家情报总监）。一些大型互联网企业甚至已经沦为美国政府维护数据霸权的工具。据统计，谷歌、微软、雅虎 3 家互联网企业占据了"棱镜计划"90% 以上的数据来源[①]。另据苹果在官方网站发布的声明，从 2012 年 12 月 1 日到 2013 年 5 月 31 日，美国联邦、州等各级政府对苹果提出提供该公司客户数据的要求合计 4000~5000 次，涉及账户或设备 9000~10000 个。Facebook 公布的数据称，2012 年下半年，总计收到 9000~10000 次政府信息索求，公司配合了其中 79% 的请求，牵扯到 1.8 万~1.9 万用户账户。

"棱镜计划"源自布什政府以反恐名义批准、由美国国家安全局主导的"星风"计划，主要内容是进行信息收集活动。《美国"星风"计划全揭秘——"棱镜"和它的"兄弟"们》一文揭示，"星风"计划包括由美国国家安全局执行的 4 个监视项目，除"棱镜计划"外，还包括"主干道"（MAINWAY）、"码头"（MARINA）和"核子"（NUCLEON）3 个项目。"星风"计划的四大项目监测重点各有不同。"棱镜"计划专门负责监视互联网的行动，"核子"专门截查电话通信的内容，"码头"专门截查电话通信的时间地点、参与者，"主干道"以电话监听为主并对"元数据"信息进行处理（方言，2013）。除了"棱镜计划"，其他一些网络或电子监听项目也随之曝光。例如，《时代周报》刊文描述了斯诺登爆出的"上行"（Streaming）项目，该项目通过在互联网通信光缆上安装分光镜以复制传输的数据，实现在网络基础设施层面的监控；一家涉及网络安全的著名外资公司的工程师指出："上行的监控方法是在互联网公司运营的基础——网络供应商的基础设施层面进行监控"，"所有的数据如果到了美国，只要经过 AT&T 的设备都是可以拿出来的，所以只要运营商和政府合作，拿到数据的难度并不高"[②]。

---

① 沈逸. 2015. "棱镜"系统折射中国网络安全面临严峻挑战. //网络空间安全蓝皮书. 北京：电子工业出版社，93~96.

② 时代周报. 2013-06-20. 斯诺登透露大批商业巨头配合美国政府搜集用户信息——"棱镜"幕后：你被谁窥探?. http://www.time-weekly.com/story/2013-06-20/130044.html [2016-6-9].

11.3.3.2　构建超强能力的数据情报存储与分析体系

支撑"棱镜计划"等大规模数据情报计划的技术基础，是美国建立的一系列大容量数据存储中心、超级计算机及大数据挖掘技术系统。位于美国犹他州的"情报体系综合性国家计算机安全计划数据中心"（也称"犹他数据中心"），隶属于美国国家安全局，是国家情报总监（DNI）的执行机构，用于情报计划的数据采集、存储、分析挖掘等功能。该数据中心耗资约 20 亿美元，号称迄今为止美国最大、最昂贵的数据中心，拥有 4 个 25000m² 的大厅用来存放服务器，以及 90 万 m² 的建筑物用作行政管理中心。该中心拥有尧字节级的存储能力（1 尧为 1024TB 的 4 次方），能够存储全世界超过 100 年的通信信息，采用的解码系统需要 200MW 的电力，每年运转费用达 4000 万美元，而其用于安防的视频监控系统就耗资 1000 万美元[①]。根据新华网《国际周刊》刊文指出，美国国家安全局正在马里兰州米德堡等地建设新的数据中心，投资将近 8.6 亿美元，计划于 2016 年底完成建设。在这些数据中心的支持下，美国国家安全局每 6 小时可以收集 74TB 的数据，这些未经编辑的数据每 24 小时即可填满 4 个美国国会图书馆[②]。此外，隶属于数据中心的超级计算机，以及对海量电子邮件、通话内容、视频数据进行分析挖掘的系统，使美国具备了从网络数以亿兆计的原始数据中快速抽取有用情报的能力。

11.4　保障数据主权的措施建议

本节主要从加快数据主权立法、尽快突破关键核心技术、构建"天

---

① 百度百科. "犹他数据中心词条". http://baike. baidu. com/link? url=67R_ c17e_ c2imlsXUfDnC2TBg84EkvZN-xtsPQMoPs01-pX-i_ 3pAK0mFln6E3fqn5WYvrC39uA0RBuvFPr2eq ［2016-6-10］.

② 新华网. 2013-07-10. 揭秘美国"大数据"的老巢. http://news. xinhuanet. com/info/2013-07/10/c_ 132527635. htm ［2016-6-9］.

空地一体"的数据基础设施 3 个方面提出了维护数据主权的措施建议。

11.4.1 加快推进数据主权立法

目前，中国数据主权的相关法律制度需进一步完善。大量基于互联网和大数据的新技术、新应用缺乏配套的法律约束与规范，给数据主权及国家安全带来较大隐患。加快数据主权法制化建设，是充分保障国家、数据运营者和个人数据主权的必要前提。

11.4.1.1 从法律层面明确国家、数据运营者和个人数据主权

完善相应法律法规，明确不同主体的权责。一是明确国家数据主权，即国家（政府）对本国管辖地域范围内的任何个人和组织所收集或产生的数据进行管辖的权力，以及对这些数据的运营者及相关的设施设备进行监管的权力；二是明确运营者数据主权，即数据运营者合法收集、存储、传输、加工数据的权力，同时明确规定，应对其收集的个人数据严格保密，不得泄露、篡改、毁损，不得出售或非法向他人提供，并采取必要措施，确保个人数据安全，防止其收集的个人数据泄露、毁损、丢失；三是明确个人数据主权，即个人在遵守所在国法律法规的前提下，对自身产生的数据进行自由处置，以及免受非法监控、窃取和利用的权利，包括数据决策权、数据保密权、数据查询权、数据更正权、数据封锁权、数据删除权和数据报酬请求权等。

11.4.1.2 为数据全生命周期监管提供法律依据

一是实行数据分等级保护。明确规定，对于承载公民、法人和其他组织权益的数据，且数据遭损毁、篡改、窃取后不损害国家安全、社会秩序、经济建设和公共利益的，由数据运营单位组织保护；对于承载公民、法人和其他组织权益的数据，且数据遭损毁、篡改、窃取后会对国家安

全、社会秩序、经济建设和公共利益造成一定损害的，由数据运营单位在政府监管部门指导和监督下进行保护；对于直接涉及国家安全、社会稳定、经济建设和运行的数据，由数据运营单位在政府指定的专门机构的专控下进行保护。

二是加强数据跨境监管。特别是对于国内数据出境进行严格管控，禁止涉及政治安全、国土安全、军事安全、经济安全、文化安全等各领域国家安全的数据跨境流动或存储。严格规范外资或外资控股企业数据中心建设，在法律中明确规定，在中国境内开展业务的企业，必须将其业务数据存储于中国境内的数据库或数据中心，且必须接受中国政府的监管；因业务需要，确需在境外存储或者向境外的组织或者个人提供的，应依法由有关部门进行安全评估。

11.4.2　突破核心关键技术

为尽快改变中国大数据领域的重要基础设施、核心关键技术无法自主可控的现状，应当统筹全国资源，集中优势力量，尽快突破数据存储、传输和应用关键技术，加快重要网络、重要系统中数据产品和装备国产化替代步伐，以自主可控的核心技术维护数据主权。

一是加快突破数据传输关键技术和装备，包括网络通信协议技术及路由器、交换机设备等自主可控，实现我国骨干网络关键设备国产化替代。二是加快研发数据终端产品，打造具有市场竞争力的国产化笔记本电脑、智能手机、数据库、操作系统、办公软件产品，在技术先进性和可用性方面实现与国外产品同台竞技。三是加快突破关键芯片、核心软件，在移动通信、金融、能源、交通、水利、医疗卫生、社会保障等国民经济重要行业实现国产化替代。四是加快突破密码技术，建立唯我独有的密码技术体系。五是加快掌握非对称的"杀手锏"，突破态势感知、网络攻击、网络防御等关键技术，提高网络空间防御和威慑能力，切实维护网络数据主权。六是加快培育具有较大规模、较强实力和国际竞争力的数据企业。

11.4.3 构建"天空地"一体化数据基础设施

为更加有力地应对我国面临的数据主权威胁和安全挑战，提高非常时期数据基础设施的抗摧毁、抗打击和自我恢复能力，应加快构建"天空地"一体的数据基础设施。着眼陆、海、空、天移动通信和互联网接入的需求，围绕各领域数据不间断获取、处理和星间传输的需要，建设"空间地宽带互联网系统"，加快论证其总体架构、关键技术、运营模式和产业政策，推动通信卫星、地面移动通信网、互联网的融合发展，建立长期、持续、稳定、安全的大数据服务能力，为国民经济、社会发展、国防建设等各个领域的大数据应用提供关键支撑。

第 12 章
水资源数据应用实践

    水是生命之源，生产之要，生态之基，是连接有机界和无机界、生命体和非生命体的重要媒介，是承载和制约国民经济发展的重要因素，党和国家一直重视水资源的管理和建设。薛惠锋带领项目团队先后参与完成了中央分成水资源费项目的地下水立法与水资源论证等方面的研究，以及国家科技重大专项的水体污染控制与治理项目、水利部重点项目中数据挖掘方法研究等课题，特别是 2015 年先后承担了与广东省水资源数据相关的国家自然科学基金、广东省科技创新项目等一批数据研究与应用课题，这些都为本章的撰写奠定了坚实的基础，同时，通过实际的项目实践也验证了本书研究的科学价值。

12.1　中国水资源信息化现状

    国家水资源监控能力建设项目是水利部正在实施的重点水利信息化项目，与"国家防汛抗旱指挥系统"（一期已竣工）具有同等地位，项目层级高、覆盖广、投资大、功能全，属于水利信息化的"龙头工程"。项目占据了最近几年中央分成水资源费项目的主体，将为最严格水资源管理制度的实施提供有力支撑。历年来的中央一号文件中都涉及水资源数据管理对国家决策的重要意义。2011 年中央一号文件提出"实行最严格的水资源管理制度"，划定了三条红线和四项考核指标；水利部、财政部自 2012

年起开展了国家水资源监控能力建设项目，投入近 20 亿元，初步建成五大数据库、三大监控体系及三级信息平台。基本建成取用水、水功能区、省界断面三大监控体系：对 70% 的许可取用水量实现在线水量监测；对 80% 的重要江河湖泊水功能区实现水质监测；对主要江河干流及一级支流省界断面实现水质监测全覆盖，水量监测覆盖率从 14% 提高到 55%。

通过国家水资源监控能力建设、国家防汛抗旱指挥系统等项目的实施，国家水资源监控体系已初具规模。目前，已初步建立水资源基础数据库、业务数据库、管理数据库、监测数据库、多媒体数据库五大类数据库，建成取用水户、水功能区、省界断面三大监控体系和中央、流域、省三级信息平台，支撑水资源业务日常运转。2015 年年底，国家监控能力建设一期运维和二期规划的关键节点，目前实际的监测能力建设能监控全国取用水量的 36% 左右，下一期的建设目标是监测 50% 的用水量。目前中国水资源信息化面临的最大问题是，国家监控能力建设一期获得大量数据，这些数据没有得到有效应用，如何发挥这些数据价值，支撑水资源监控能力建设二期的优化配置和管理决策是当前中国水资源信息化面临的最大问题。

12.2 水资源数据特征及问题

依托当前水资源监控能力建设项目，当前水资源数据按照存储分为基础数据、业务数据、管理数据、监测数据、多媒体数据五大类数据。从支撑水资源业务日常运转角度可将水资源数据分为统计数据、监测数据和基础数据。

业务数据主要包括取水许可申请书、取水许可延续申请书、取水许可变更申请书、水资源论证报告书及批复文件、取水许可申请受理通知书、取水许可申请不予受理通知书、取水许可申请补正通知书、省区取水许可总量控制指标、准予取水行政许可决定书、不予取水行政许可决定书、取水工程验收申请书、取水工程验收结论、取水过程验收备案信息、取水许可证登记表、取水许可证信息、取水年度总结等。

业务数据包括取水户基本信息、取水量记录、资源费征收标准、水资源费缴纳额度、水资源费缴纳通知单、水资源费缴费记录、地方国库水资源费等。

基础数据包括自然地理、社会经济、水文地质、水资源、环境地质等各种基础数据。目前存在以下几方面问题。

（1）数据不完整，监测数据先天性缺失，监控覆盖率不高，要素不全，人为数据记录缺失等。

（2）水资源数据存在不准确、不可靠、冗余复杂等问题，缺乏有效的数据稽核手段。

（3）水资源数据利用效率较低，数据功能发挥受限，难以实现对管理决策的支撑作用。

由于当前基础设施、监测手段、计量方法、采集频率、水资源自然环境复杂等外界因素以及水自身不可复制等内部因素影响，造成当前可获的水资源数据不全面、不可靠、低价值，难以支撑当前水资源管理决策。

12.3　水资源数据的关键技术

针对水资源管理所面临的数据完备性、真伪性、功效性的不足问题，需要通过技术手段予以解决。将深入研究复杂系统理论和先进信息处理技术，以满足智慧城市中水资源管理提升的需求。围绕数据关键核心技术及数据集成技术的解决，发挥数据效用，为当前的水资源管理决策提供科学的、准确的、高精度的数据支撑，同时，实现水安全与可持续利用的最终目标。

针对水资源数据的稀疏、海量、多元等特点，研究和分析水资源数据的分布规律，利用基于压缩感知理论的稀疏采样方法和低秩矩阵恢复技术，实现数据的快速采集、高效存储和传输。针对重点取水口、入河排污口产生的视频类监控数据，采用一比特量化采样技术，解决水权数据的高速实时传输问题，如图 12-1 所示。

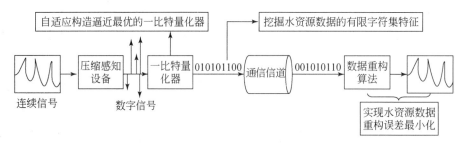

图 12-1　基于一比特量化的水权交易数据采集技术

针对传统水文监测等采样率较低的数据，拟采用基于压缩感知的次奈奎斯特采样技术，利用信号重构技术，对稀疏采样数据进行精确重构，如图 12-2 所示。

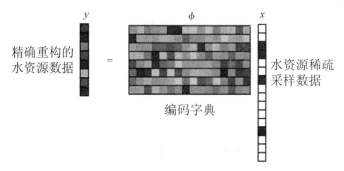

图 12-2　基于压缩感知的次奈奎斯特采样技术

针对野外水资源测站易受雷击、暴雨、人为等因素干扰破坏造成的数据缺损问题，采用低秩矩阵恢复技术，将干扰因素剔除，精确恢复原始数据的结构特性，如图 12-3 所示。

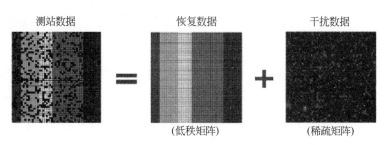

图 12-3　低秩矩阵恢复技术

　　针对因河流分段划为不同水功能区，各区水量水质监测数据间存在的复杂相关性问题，根据时域、地域、值域的关联，拟采用多元数据张量结构分解技术，对高维数据缺失进行快速准确填充，如图 12-4 所示。

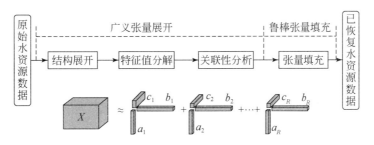

图 12-4　多元数据张量结构分解

a，b，c：维度；x：当量

　　针对水系各级河流具有自相似性特点，拟采用分形维数聚类技术将多条河流来水过程数据进行聚类，如图 12-5 所示，引入专家经验通过机器学习识别已获数据真伪性，确保汛期城市防洪安全与枯水期珠江入海口压咸补淡供水安全，对香港和澳门的供水意义极大。

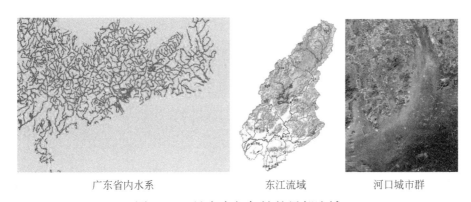

广东省内水系　　　　　　东江流域　　　　　　河口城市群

图 12-5　具有自相似性的局部流域

　　针对重点用水企业取水在线监测中存在的"一数多来源"问题，对多个测量设备监测到的同一流量过程，采用基于协方差交叉算法的数据融合，如图 12-6 所示，获取可靠、高精度、真实的数据结果。

　　为明确管理责任，对行政区界水体进行水量水质联合监测中水体指标出现的异常值，拟采用支持向量机与 D-S 证据理论的数据融合技术，实现

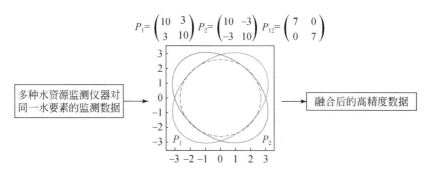

图 12-6　基于协方差交叉算法的数据融合技术

多种测量设备数据有效融合，降低数据识别误差率，解决水资源异常数据的判断、报警和消除问题，如图 12-7 所示。

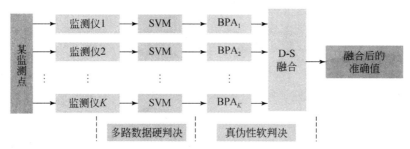

图 12-7　基于支持向量机与 D-S 证据理论的数据融合技术

针对水利（水务）、环保、住建、卫生和统计等多部门监测的同一个水体的异构水质数据，拟采用基于矩阵分解的异构数据融合技术，高精度地融合水资源及相关领域数据，准确鉴定水资源数据的真伪性，如图 12-8 所示。

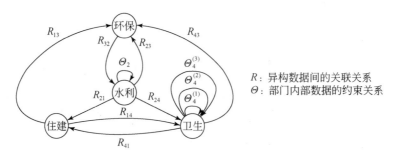

图 12-8　基于矩阵分解的异构数据融合技术

　　针对由于统计或估算带来的区域水量准确性低、实时性差，难以支撑科学决策的问题，基于监测点实时监测数据和统计数据，采用改进的马尔可夫转移模型对水量进行建模计算，如图 12-9 所示，以获得更为真实、准确的水量值。

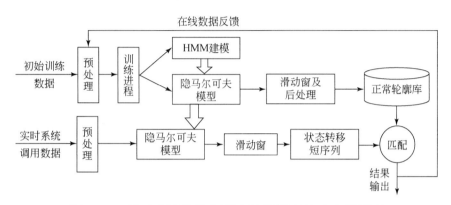

图 12-9　基于改进的马尔可夫转移模型构建水量模型

　　针对水量监测统计涉及层次和环节较多，模型较为复杂的问题。采用综合集成方法对模型进行完善，保证数据模型的准确性和最优性。采用混沌神经元网络综合评价模型，如图 12-10 所示，对用水总量模型中的各项指标进行评价，并将多个评价指标值合成一个整体性的综合评价值。通过综合评价方法可以获得用水总量的最优模型，保证用水总量更接近于真实值，增加科学决策的准确性。

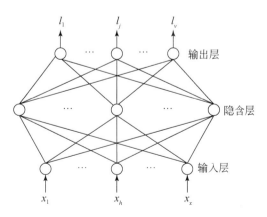

图 12-10　基于混沌神经元网络的综合评价技术

　　针对大量非线性、非稳定数据难以计算水量及趋势问题，采用希尔伯特黄变换的方法进行计算并预测，如图 12-11 所示。首先利用 EMD 方法将给定的水权数据分解为若干固有模态函数，这些 IMF 是满足一定条件的分量；然后，对每一个 IMF 进行 Hilbert 变换，得到相应的 Hilbert 谱，即将每个 IMF 表示在联合的时频域中，汇总所有 IMF 的 Hilbert 谱就会得到所给水权数据的变化趋势。

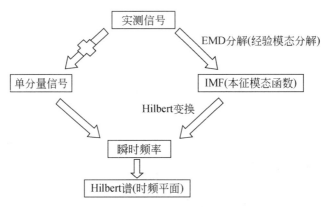

图 12-11　基于希尔伯特黄变换的趋势预测

12.4　水资源数据集成与提升

　　发挥水资源数据的功效性，围绕国家水资源管理的短期需求及长期目标进行展开。短期需求是在国家水资源监控能力建设一期运维和二期规划的关键时期，通过实现"三条红线"及 4 项指标的科学计算与趋势预测，为当前的水资源管理与决策提供有力的数据支撑；长期功效是通过发挥数据效用，推动水资源管理系统状态不断提升，最终实现水安全与可持续利用的目标。

　　运用数据的关键技术及集成技术，构建基于数据的水资源综合提升体系，如图 12-12 所示，该体系通过对水资源数据的合理开发与利用，支撑当前的管理决策，并为实现水安全与可持续利用的目标提供技术支撑。

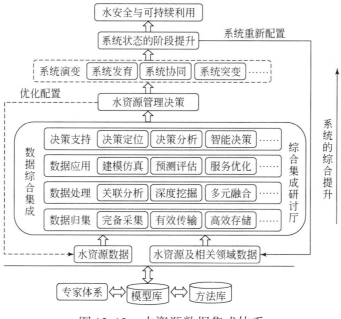

图 12-12　水资源数据集成体系

支撑数据集成体系所采用技术和方法很多图 12-12 所示，表 12-1 列出了该项目所采用的核心技术和方法。这些方法是根据当前水资源数据的特点进行选取，环环紧扣，通过集成，发挥技术方法合力，为当前水资源管理提供科学的、合理的、可靠的依据。

表 12-1　集成体系中的技术方法

数据归集	张量填充技术	有效恢复丢失的重要水资源数据	数据处理	基于支持向量机与证据理论的数据融合	提高数据分类的精度
	多元模式的广义张量展开技术	降低水资源数据采集精度		基于分形理论的机器学习	挖掘整体与局部的相似性
	低秩矩阵恢复方法	提高数据重构对干扰和噪声的鲁棒性		基于分形维数的聚类算法	处理数据集内部密度不均匀的情况
	基于压缩感知的次奈奎斯特采样技术	降低水资源数据采集精度		基于协方差交叉算法的数据融合	融合多个传感器的数据
	一比特采样技术	解决水资源监测长序列数据中信息损失问题		矩阵分解的异构数据融合	发现异构数据的隐藏关系

	基于马尔可失转移模型的数据建模	实现对监测点指标的建模		不确定性决策技术、多目标决策技术	从不同角度为行政部门提供决策支持
数据应用	基于混沌神经元网络的数据模型综合评价	基于混沌神经元网络的数据模型综合评价	决策支持	决策支持系统	为解决现有水问题提供决策支撑
	希尔伯特黄变换	实现对指标的趋势预测		从定性到定量的综合集成方法，构建数据集成体系	实现数据从原型到模型到支持决策的作用
	过程系统优化技术	对区域用指标模型整体优化			
	模糊综合评价技术，专家系统评价技术、人机结合评价技术	实现对区域指标模型及结果评估		……	……

12.5 水资源数据应用示范

有了水资源数据与核心技术，下一步将是水资源数据的应用示范。本节以广东省水权交易为例，构建面向水权交易决策的数据应用平台。水权交易问题是推动社会经济发展的重要抓手，党和国家高度重视，无论是国家重要文件，还是高层会议上，对水权交易都做出了重要批示。作为中国人口和经济大省，广东省水资源面临着供需矛盾突出、时空分布不均、用水效率过低、市场机制不完善等问题，严重影响和制约着广东省经济和社会发展，因此，广东省推行水权交易制度迫在眉睫。当前全国共有 7 个水权交易试点，广东省是全国 7 个水权交易试点省份之一，是全国唯一一个包含宏观和微观水权交易的省份。相关的水权交易制度将会很快出台，但是水权交易开展还存在水量、水质、水环境的精准测算与预测等瓶颈问题，迫切需要运用水资源数据从不同层面为水权交易决策提供支撑。

水权交易包括可交易水量评估、节水评估、水权交割、基价设定、交易后评估及监督管理六个关键环节，每个环节的交易都需要精确的数据作为支撑。①可交易水量评估环节，其重点是对取水权的确定，即"真实节约出来的水才能拿出来交易"，要对企业内部各个用水、耗水、排水环节的数据，如水平衡测试数据进行优化，从采集、传输、存储、汇总、关键值抽取等方面全面提升数据质量；评价水量指标是对整个地区经济社会进行节水效果评价，需要判断水资源承载力、用水总量指标数据和经济社会发展指标数据的关系，做出转入或转出水量指标的综合判断。②节水评估环节，在重点取水户的用水总量指标一定的情况下，鼓励通过节水进行水权交易。节水评估主要对节水水量数据进行合理计算和估计才能确定可交易的节水情况。③水权交割环节，一是长期交割，对水量长期分配调度的数据进行真实性检验和完备性提升，需要优化监测计量方法和统计分析方法。二是短期交割，需要对动态的水资源进行实时监测、综合处理。④基价设定环节，水资源作为国家所有的基础自然资源，需要在使用权的交易环节保值增值。水权交易基价设定中，需要对拟交易水权对应水体的水量、水质数据进行综合分析，结合当地水价、水资源费价格、节水工程成本、监测计量成本、水量输送成本，对交易基价进行合理确定。⑤交易后评估环节，是指水权交易实施后评估对第三方的直接影响，对转出方居民生活用水、生态环境、粮食安全影响，以及转入方的环境影响和未来水资源管理政策影响等。需要通过分析和抽取关键对象、关键指标，对数据支撑体系进行优化，得出合理且便于实施的评价模型，为决策提供有力支撑。⑥监督管理环节，水行政主管部门对水权交易过程进行监管，需要获取关键环节的关键数据，综合分析研究判断交易是否合理、规范。可以看出，上面各个环节的决策均以水量、水质、水价等数据作为依据，因此，交易水量、水质、水价等的精确计算与预测是水权交易的重中之重。

围绕水权交易的数据需求，利用所能获取的水权交易相关数据信息，运用数据采集、传输、融合、挖掘等核心技术及综合集成、综合提升方法，对水量、水质、水价等相关指标进行数据挖掘、关联分析、建模评估等，并搭建面向水权交易的数据决策支持平台，实现对水权交易过程中所涉及数据的全面、精准、及时计算与预测，为广东省水权交易提供科学的、准确的、高精度的数据支撑，推动水权交易有序的开展。

12.6 水资源数据产业化推广

完成技术攻关、应用示范，水资源数据必然走向产业化推广的道路，本节以水资源数据产业化推广为例，图 12-13 为水资源数据产业化推广路线。由于我国水资源面临水资源数据采集及传输条件受限、水资源数据综合处理能力低下、水资源数据应用方式落后等问题，通过数据采集、数据传输、数据归集、数据关联分析、数据挖掘、数据融合、数据集成、数据可视化等关键技术问题的突破，提高水资源大数据综合处理服务能力，形成采集与传输设备、大数据处理软件系统及面向水权交易的数据综合应用平台，提供产业化推广的相关产品，为后期推广应用奠定坚实的基础。水资源数据产业化目标市场将是从广东省各级水行政主管部门，到全国水权交易的其他 6 个试点省份，再向全国各级水行政主管部门推广应用，市场前景十分广泛。因此，前期技术储备、成过转化、示范应用及产业化推广是数据产业化的基本过程。

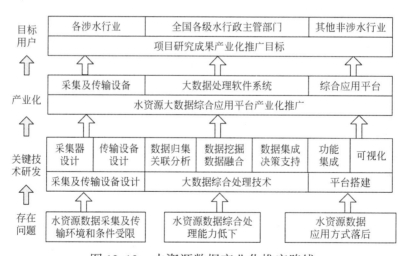

图 12-13　水资源数据产业化推广路线

以上围绕我国水资源信息化建设的现状及当前项目实践对水资源数据产业化推广进行了详细论述，水资源数据安全、数据政策将随着下一步的项目实践进行开展。

在 2016 年 9 月召开的《国家水资源监控能力建设二期项目省级平台建设工作推进会议》上，作为水资源工作长期的探索者和实践者，有幸被邀请为特约专家，薛惠锋教授结合多年水资源承载力等学习研究经历，在陕西省政府、西安市委和全国人大等部门的涉水工作经验，以及多年系统工程领域的研究与实践，跳出水资源系统，从另外一个空间分析中国水资源问题。国家水资源监控能力建设项目已经从一期进入二期，在这个探索过程中存在的最大问题就是水资源管理者对水资源问题清楚却不懂技术。而当前中国数据的采集技术、传输技术和储存技术包括数据的挖掘技术已经处于先进水平，但是却无用武之地及平台。同时，从长远角度来看，水资源数据主权将是决胜一个省市、流域、区域发展的关键，谁拥有数据谁将掌控水资源的未来命运。

在军民融合战略实施的关键时期，航天技术转为民用已成为一大趋势。航天高分卫星对地观测系统，可实现对、土、气的全面观测，加上无人机、雷达等可实现天基、空基、地基对水资源数据的全方位监测。无论上层建筑领域如何调整，水资源全面监测将永不过时。因此，只有实现跨领域、跨学科、跨部门、跨专业、跨区域的数据融合，实现思想、理论、技术、产业、工程、管理等方面的大融合，才能夯实和构建中国水资源数据库最权威的基石。

附件 1
数据安全案例集锦

（1）支付宝找回密码功能存在漏洞，致使用户钱款丢失。2014 年 1 月 26 日，中央电视台曝光了支付宝找回密码功能存在系统漏洞。由于此前支付宝泄密事件导致的信息泄露，不法分子以此寻找受害人信息，通过找回密码来获得用户支付宝访问权限，从而将支付宝的钱款转走。

（2）携程网站安全支付存在问题，大量信用卡信息泄露。2014 年 3 月 26 日，乌云漏洞平台指出携程网安全支付日志存在漏洞，导致大量用户银行卡信息泄露，泄露信息包括用户的姓名、身份证号码、银行卡卡号、银行卡 CVV 码（即卡号、有效期和服务约束代码生成的 3 位或 4 位数字）以及银行卡 6 位 Bin（用于支付的 6 位数字）等。在获利的同时，电商如何对用户信息进行保护引发人们思考。

（3）微软停止 XP 支持。2014 年 4 月 8 日，微软公司在向 2 亿多用户发布通牒 100 天后，停止了对 Windows XP 系统提供技术支持。微软表示，Windows XP 的运行环境存在很大的漏洞，微软发布的补丁不能有效抑制病毒的攻击，因此，不断在其官网上告知用户可能承受一些风险。

（4）OpenSSL 心脏出血漏洞。就在 Windows XP 系统停止服务的当天，全球互联网通行的安全协议 OpenSSL 曝出本年度最严重的漏洞。据悉，利用该漏洞黑客坐在自家的电脑前，就可以实时获取到很多 https 开头网址的用户登录账号密码。

（5）小米论坛 800 万用户信息泄露。2014 年 5 月 14 日，网络安全平台乌云网曝出小米论坛存在用户资料泄露问题，泄露涉及 800 万小米论坛注册用户，并建议用户修改密码。随后，小米公司相关负责人确认，数据泄露事件确有发生。

（6）苹果承认存在"安全漏洞"。2014年7月28日，苹果公司首次承认了iPhone确实存在"安全漏洞"，苹果员工可以利用此前未公开的技术提取用户个人深层数据，包括短信信息、联系人列表及照片等。

（7）摩根大通银行数据泄露影响1/4美国人。2014年10月2日，摩根大通银行承认7600万家庭和700万小企业的相关信息被泄露。身在南欧的黑客取得摩根大通数十个服务器的登入权限，偷走银行客户的姓名、住址、电话号码和电邮地址等个人信息，与这些用户相关的内部银行信息也遭到泄露。受影响人数占美国人口的1/4。

（8）智联招聘86万条简历数据泄露。2014年12月3日，86万条求职者简历数据泄露。乌云漏洞平台2014年12月2日晚间公开了一个关于导致智联招聘86万用户简历信息泄露的漏洞。该漏洞于12月2日提交，据称可获取包含用户姓名、地址、身份证、户口等各种信息。

（9）遭黑客攻击索尼影业信息泄露。索尼影业自2014年11月24日被黑客入侵以来，蒙受了巨大的损失，内部的财务文档、员工信息，甚至未上映的影片和内部往来邮件均被曝光。黑客盗走了100TB的数据，并且把数据发布到了网上。美国媒体称之为"斯诺登事件的好莱坞版"，但这更像是一场恶作剧，黑客甚至把链接公布给各大媒体，让他们去网上"自取所需"。据美联社报道，索尼影业被黑一事恐将成为美国企业史上损失最惨重的黑客攻击事件。

（10）12306网站再曝漏洞，用户密码、身份证等敏感数据泄露。2014年圣诞节，乌云网发布漏洞报告称，一份包含13万12306网站用户的账号、明文密码、身份证、邮箱、手机号等敏感信息的文件在网络上疯狂传播，当时正值春运火车票购票高峰，12306的用户数据泄露事件对用户网上购票造成一定心理影响，本次事件也再次为互联网的数据安全敲响了警钟。

（11）中国互联网DNS大劫难。2014年1月21日下午3点10分左右，国内通用顶级域的根服务器忽然出现异常，导致众多知名网站出现

DNS 解析故障，用户无法正常访问。虽然国内访问根服务器很快恢复，但由于 DNS 缓存问题，部分地区用户"断网"现象仍持续了数个小时，至少有 2/3 的国内网站受到影响。微博调查显示，"1·21 全国 DNS 大劫难"影响空前。事故发生期间，超过 85% 的用户遭遇了 DNS 故障，引发网速变慢和打不开网站的情况。

（12）比特币交易站受攻击破产。2014 年 2 月，全球最大的比特币交易平台 Mt. Gox 由于交易系统出现漏洞，75 万个比特币以及 Mt. Gox 自身账号中约 10 万个比特币被窃，损失估计达到 4.67 亿美元，Mt. Gox 被迫宣布破产。这一事件凸显了互联网金融在网络安全面前的脆弱性。

（13）中国快递 1400 万信息泄露。2014 年 4 月，国内某黑客对国内两个大型物流公司的内部系统发起网络攻击，非法获取快递用户个人信息 1400 多万条，并出售给不法分子。而有趣的是，该黑客贩卖这些信息仅获利 1000 元。根据媒体报道，该黑客仅是一名 22 岁的大学生，正在某大学计算机专业读大学二年级。

（14）eBay 数据的大泄露。2014 年 5 月 22 日，eBay 要求近 1.28 亿活跃用户全部重新设置密码，此前这家零售网站透露黑客能从该网站获取密码、电话号码、地址及其他个人数据。该公司表示，黑客网络攻击得手的 eBay 数据库不包含客户任何财务信息——比如信用卡号码之类的信息。eBay 表示该公司会就重设密码一事联系用户以解决这次危机。

（15）BadUSB 漏洞。2014 年 8 月，在美国黑帽大会上，Jakob Lell 和 Karsten Nohl 公布了 BadUSB 漏洞。攻击者利用该漏洞将恶意代码存放在 USB 设备控制器的固件存储区，而不是存放在其他可以通过 USB 接口进行读取的存储区域。这样，杀毒软件或者普通的格式化操作是清除不掉该代码的，从而使 USB 设备在接入 PC 等设备时，可以欺骗 PC 的操作系统，从而达到某些目的。

（16）Shellshock 漏洞。2014 年 9 月 25 日，US-CERT 公布了一个严重的 Bash 安全漏洞（CVE-2014-6271）。由于 Bash 是 Linux 用户广泛使用的一款用于控制命令提示符工具，从而导致该漏洞影响范围甚广。安全专家表示，由于并非所有运行 Bash 的电脑都存在漏洞，所以受影响的系统数量或许不及"心脏流血"。不过，Shellshock 本身的破坏力却更大，因为黑客可以借此完全控制被感染的机器，不仅能破坏数据，甚至会关闭网络，或对网站发起攻击。

（17）500 万谷歌账户信息被泄露。2014 年 9 月，大约有 500 万谷歌账户和密码的数据库被泄露给一家俄罗斯互联网网络安全论坛。这些用户大多使用了 Gmail 邮件服务和美国互联网巨头的其他产品。据俄罗斯一个受欢迎的 IT 新闻网站 CNews 报道，论坛用户 tvskit 声称 60% 的密码是有效的，一些用户也确认在数据库里发现他们的数据。

（18）飓风熊猫本地提权工具。2014 年 10 月，CrowdStrike 发现飓风熊猫这个本地提权工具，飓风熊猫是主要针对基础设施公司的先进攻击者。国外专业人士还表示，该攻击代码写得非常好，成功率为 100%。我们知道飓风熊猫使用的是"ChinaChopper"Webshell，而一旦上传这一 Webshell，操作者就可试图提升权限，然后通过各种密码破解工具获得目标访问的合法凭证。该本地提权工具影响了所有的 Windows 版本，包括 Windows 7 和 Windows Server 2008 R2 及以下版本。

（19）赛门铁克揭秘间谍工具 regin。2014 年 11 月 24 日，赛门铁克发布的一份报告称，该公司发现了一款名为"regin"的先进隐形恶意软件。这是一款先进的间谍软件，被称为史上最为复杂的后门木马恶意软件。该软件被用于监视政府机关、基础设施运营商、企业、研究机构，甚至针对个人的间谍活动中。

（20）俄罗斯约会网站泄露 2000 万用户数据。2015 年 1 月，俄罗斯约会网站 Topface 2000 万访客的用户名和电子邮件地址被盗。Easy solution CTO 英格瓦尔德森称，黑客可以使用这些账号来尝试获取银行、病例或其他敏感数据信息。受此影响的用户约有 50% 位于俄罗斯，40% 来自欧盟。总体来看，这 2000 万用户使用的电子邮件地址来自 34.5 万个不同的域名，其中 700 万人使用 Hotmail 邮箱，250 万人使用雅虎邮箱，还有 230 万人使用 Gmail 邮箱。我们习惯于在不同的网站使用相同的账号密码，如果其中一个网站的数据库泄露，那就意味着与之用户名密码相同的网站会发生连锁反应。

（21）5 万名优步司机信息遭泄露，Uber（优步）公司最大数据事故。2015 年 2 月 28 日，大约 5 万名优步司机的个人信息被不知名的第三方人士获取，成为该公司遭遇的最大规模的数据泄露事件。2015 年 9 月 Uber 系统中出现一个漏洞，能让外人在未经授权的情况下，获取部分司机的姓名和驾照号码。虽然 Uber 声称已堵上这一漏洞，但此事件仍受到安全专家的批评。

（22）2015 年 2 月，美国第二大医疗保险公司 Anthem 8000 万个人信息被窃，包括现在和以前的保险客户和员工，此事件或成为美国最大医疗相关机构泄露事件。在一封致客户的声明中，Anthem 首席执行官约瑟夫·斯维迪什表示，Anthem 受到的外部攻击"非常高端精密"，丢失的个人数据包括姓名、出生日期、客户 ID、社会保险码、地址、电话号码、邮件地址和员工信息。

（23）2015 年 3 月，美国医疗保险公司 CareFirst 被黑，110 万用户信息泄露，美国大型医疗保险商 CareFirst 表示，该公司 2014 年 6 月发现有黑客入侵，约有 110 万医疗保险客户的个人信息遭泄露。攻击者可能窃取了客户姓名、生日、邮箱地址、医疗保险号码等信息。虽然 CareFirst 用户名必须与创建的密码同时使用才能得到访问数据的权限，而黑客并没有攻击这些密码的数据库。因此，这次出现问题的数据中不包括社安号码、信用卡号码、工作信息、客户病历等更为重要的信息。

（24）美国 Metropolitan State 大学（大都会州立大学）16 万学生信息泄露。美国 Metropolitan State 大学 16 万学生个人信息泄露，包括出生日期、家庭住址、电话、个人成绩。随着校园信息化的快速建设，教务、教学系统中存在大量漏洞，国内高校成为信息泄露的重灾区。2014 年 ~ 2015 年 3 月，漏洞分析平台补天显示：有效的高校网站漏洞多达 3495 个。这些漏洞有的已造成教职员工或学生个人信息泄露。除了一方面高校涉及人数众多，包括大量学生和教授的隐私信息；另一方面很多重要院校还承担着国家众多科研项目，这都可能成为不法分子的目标。

（25）美国国税局超过 10 万名纳税人的财务信息泄露。2015 年 5 月，美国国税局经历了数据泄露事件，约有 10 万名美国公民的个人信息在无意中被泄露。这个有组织的犯罪团伙通过更改 IRS 网页上的一个名为 Get Transcript 的应用，获得了对纳税人账户的未授权访问权限。在大量个人信息库在网上泄露的情况下，重要信息系统如报税系统，应该采取一些手段更好地防止身份欺诈行为。

（26）2015 年 8 月，英国 240 万网络用户遭黑客侵袭，加密信用卡数据外泄。2015 年 8 月 9 日，英国电信运营商 Carphone Warehouse 在黑客入侵事件中，包含加密信用卡数据约 240 万在线用户的个人信息遭到黑客入侵。Carphone Warehouse 在一份新闻稿中透露，其网站和互联网服务遭到黑客侵袭。期间展开的一项调查显示：这 240 万用户的个人数据包括的姓名、地址、出生日期和银行卡细节等都有可能遭到黑客访问。"其中多达 9 万名客户的加密信用卡数据可能也遭到黑客入侵。"Carphone Warehouse 补充说。2015 年 7 月，约会网站 Ashley Madison 称，其系统遭到了黑客攻击。黑客甚至威胁称将泄露 3700 万用户包括真实姓名、地址以及其他个人信息，除非该公司将网站彻底关闭。

（27）英国宽带服务提供商 TalkTalk 网站遭遇攻击。2015 年 8 月，TalkTalk 的创办企业 Carphone Warehouse 所拥有的服务器遭遇攻击，大约 48 万 TalkTalk 移动用户受影响。2015 年 9 月，TalkTalk 表示该公司网站日前所遭受的网络攻击可能导致其 400 多万客户的个人数据被盗，这可能是英国史上最大规模的数据泄露事件之一。该公司表示客户的姓名、地址、生日、电话号码、电邮地址、账户详细情况、信用卡详细情况等数据很有可能都被窃取。

（28）2015 年 10 月，独立安全研究人员 Troy Hunt 在他自己所设立的 Have Ibeen pwned 网站上公布：音乐众筹网站 Patreon 已遭黑客入侵，并有超过 16GB 的资料在网络上流窜，其中包含 14GB 的资料库纪录，还有逾 230 万个电子邮件位址与数百万封的讯息，甚至还有 Patreon 网站的原始码，Patreon 也已证实此事。黑客所存取的资料包含注册名称、电子邮件位址、张贴内容、送货地址，以及 2014 年以前的某些账单地址。不过 Patreon 并未储存完整的信用卡资讯，而信用卡号码也未被存取。

（29）美股券商 Scottrade 数据泄露或影响 460 万用户。2015 年 10 月 3

日，CNBC财经电视台网站公布，国内常用的美股券商服务Scottrade发生了数据泄露事故，数百万用户的敏感数据可能受到影响。Scottrade将向发生泄露事故的460万客户发送通知，并提供身份保护服务。受影响的数据库中包含用户的社会安全号码和电子邮件地址。美股券商是属于金融行业之一的证券业，这类金融企业需要重点保护证券交易信息和客户信息。虽然没有影响交易平台或客户的咨询信息，一旦发生损失不可估量，证券行业一定要加强信息安全防护，尤其是数据库的安全防护。

（30）2015年11月，喜达屋集团旗下54家酒店发现窃取信用卡信息的恶意软件，包括客户名称、信用卡号码、信用卡安全码和到期日期等信息泄露，泄露数量尚未公布。据分析，该恶意软件最早从2014年11月开始成功渗透进酒店。最开始，恶意软件是在礼品店、饭馆和销售登记的付款系统中被发现。任何在上述酒店居住过的顾客都应该对银行账单保持密切关注，特别是有可疑的费用产生的时候，应特别注意，受到影响的顾客要注意对身份信息保护和信用卡监控。

附件2
数据推进的历史使命

科技进步使客观世界越来越逼真地通过数据进行表征，而让数据有序运转，发挥其潜在的价值却是一项复杂而艰巨的任务，这将是未来一段时间世界各国研究和突破的重点，实践数据价值的过程就是数据推进。

1.1 数据推进是历史发展的必然

数据承载着人类文明的演进。客观世界进行量化和记录的结果是数据，从古至今一直存在，只是近年来随着信息科技的发展，海量数据的存储和处理成为可能，世界各国开始高度重视数据，并纷纷制定数据发展战略。回顾人类文明发展史，语言、文字的产生，使人与人之间实现了链接，思想的表达产生了语言、书写文明；货币的产生，使人与物之间实现了链接，资产的交换产生了商业文明；法理的产生，使人与制定之间实现了链接，管理社群产生了政治文明；互联网的产生，使人与一切实现了链接，开放共享的自由协作产生了信息文明。可以看出，语言、文字、货币、法理等不同时期、不同种类的数据推动着人类文明的演进过程。

纵观科技发展及工业变革，越来越多的数据是科技发展的产物，数据推进是历史的必然。从以蒸汽机的发明为主要标志的第一次工业革命，到以电力和内燃机的发明为主要标志的第二次工业革命，再到以信息技术等重大突破为主要标志的第三次工业革命，人类社会经历了机械化、电气化、自动化、信息化的转型升级，即将爆发的第四次工业革命，将朝着智能化方向发展，这些都推动了工业文明的发展，滋生出了海量数据，而这些数据蕴藏着巨大价值和力量，未来，数据发展将引领世界变革。

互联网是最广泛、认可度最高的数据源。回顾互联网发展的 4 个重要阶段：第一阶段是人与信息互联阶段，这个阶段搜狐、新浪等各种网站当道，主要特征是"内容为主、服务为辅"；第二阶段是人与人、人与物的互联阶段，腾讯、京东、阿里巴巴等电子商务及社交互动网站的出现，主要特征由"内容为主"逐步转变成"内容与服务并重"；第三阶段是人与人、物与物、业与业互联阶段，腾讯、京东、阿里巴巴等公司得到进一步的发展，主要特征为"服务为主、内容为辅"；随着卫星、无人机等空间信息网络基础设施建设的完善，互联网将走向全面的互联互通的第四阶段，未来社会将通过网络实现地球家园的共享共治，这些将带来更为全面、更为广泛的数据资源。

无论是工业革命还是互联网革命，都将引发一场前所未有的数据革命。数据革命分为数字化和数据化两个重要阶段，数字化建立在采样定理之上，使真实世界中连续变化的声音、图像等模拟信息能够在计算机中用 0 和 1 表示，信息科技发展带来的信息化、网络化等归根结底就是数字化。随着数据量的不断增加，数据的收集与积累的手段越来越先进，人们也越来越发现数据的潜在价值，世界知名公司，如苹果、谷歌、亚马逊、微软等，正在不断采集用户的数据信息，并利用这些数据预判未来用户需求及企业未来发展，数据应用的好坏直接体现着企业的效益，这个过程就是数据化。政府是数据化的采集者和掌握者，运用数据治理国家、服务社会是未来发展的趋势。现代信息科技发展的核心是数据推进，因而，数据推进社会发展是历史的必然。

1.2　数据推进的中国力量

系统工程的普遍性、适用性使其海纳百川，系统工程方法是未来数据推进的重要手段。被誉为"中国航天之父"、"中国导弹之父"、"中国自动化控制之父"和"火箭之王"的世界著名科学家、空气动力学家钱学森是系统工程中国学派的奠基人。良好的家庭环境与社会教育、广泛的兴趣爱好与探索精神、国防领域的美国经历与中国实践等,这些丰富的人生经历和社会积累成就了他的包容的系统工程思想与系统科学。

钱学森等所倡导的系统论、控制论、信息论是经济社会发展的理论与方法基础。他提出的复杂巨系统理论及从定性到定量的综合集成方法,为当时的国民经济发展作出了重要贡献。自20世纪80年代,钱学森在原航天部第710所(中国航天系统科学与工程研究院前身之一,以下简称"710所")开展"系统学讨论班",使系统工程在全国范围蔓延、开花,710所也因此成为中国系统工程的策源地和摇篮,成为钱学森提出的从定性到定量综合集成方法的探索者和第一实践者。710所先后承担了"中国人口控制与预测"、"财政补贴、价格、工资系统研究"、"中国宏观经济政策模拟和经济调控系统研究"等重大课题,成功地应用系统工程方法为国家改革和宏观决策作出了巨大贡献。

大数据时代已经来临,新时期数据推进任重而道远。我们继承钱学森的系统科学思想与方法,并在综合集成方法的基础上提出了综合提升方法。所谓综合提升方法就是在综合集成方法的基础上,综合集成一切思想、理论、技术、方法和实践经验的智慧积累等手段,把系统从不满意状态提升到满意状态,实现系统性能的整体提升。数据推进过程是通过获取数据,探寻数据间的关联关系,挖掘数据的潜在价值,以获取可用信息的过程。数据从产生、传输、存储、处理、应用到展示的全生命周期是一个复杂的系统过程,钱学森等所提倡的系统工程思想、理念、技术、方法、管理等对于当前数据推进仍具有重要的指导意义,而实现这一数据推进过程就是"钱学森数据推进"。航天系统科学与工程研究院正与有关部门合作建立"钱学森数据推进实验室",建立集数据分析、挖掘、集成、融合等为一体的数据推动平台,提升数据的科学应用能力,服务于国民经济发展的各个领域。

1.3 未来不可撼动的中国智库

当今时代，数据作为新的生产要素，给人们的生产生活方式带来了深刻的影响，利用数据推进中国建设是新型智库建设的核心。中国航天系统科学与工程研究院将以钱学森系统科学思想为指导，以数据推进为抓手，大力推进钱学森高端智库建设。

钱学森与世界顶级智库兰德公司（RAND Corporation）有着深厚的渊源。1944 年 11 月，美国陆军航空兵司令（后为美国首任空军司令）、五星上将亨利·阿诺德（H. H. Arnold）提出将第二次世界大战期间为美国军方服务的科学家组成一个"独立的、介于官民之间进行客观分析的研究机构"。1945 年年底，美国陆军与道格拉斯飞机公司签订了"研究与发展"计划（即著名的"兰德计划"）合同，兰德（RAND）是英文"研究与发展"（research and development）一词的缩写。1946 年 2 月 13 日，阿诺德上将致信钱学森，对其为科学顾问团所写的《迈向新高度》研究报告及所作贡献给予高度认可。该报告共 13 卷，钱学森参与其中 5 卷的编写工作，报告奠定了第二次世界大战以后美国的国防战略地位，并指导着第二次世界大战及以后世界近 50 年的高新技术发展，对美国甚至世界产生了深远影响。1948 年 5 月，"兰德计划"脱离道格拉斯飞机公司成立独立的兰德公司。这家著名的智库，以研究军事尖端科技及重大军事战略著称于世，现已扩展为综合性的世界顶级智库，钱学森在兰德智库的建设中起着重要的作用。

在全面深化改革及军民融合大发展的关键时期，中国航天系统科学与工程研究院继承并发展钱学森系统科学思想、理论与方法，创建了"钱学森数据推进实验室"，成立了钱学森决策顾问委员会、钱学森创新委员会，集成中国科学院、中国工程院、军队、党政机关、高校及大型企业等各个领域的顶尖专家、学者，形成跨领域、跨专业、跨地域的优秀顶尖人才队伍，并运用钱学森在思想、理论、技术、工程、产业、管理等方面的卓越成果，统筹各方优势资源，重视并发展数据，并以数据为支撑打造未来不可撼动的数据推进国家智库。

1.4　结　束　语

数据正在改变着人类社会，数据概念已渐渐渗透到社会的发展之中，数据技术已开始应用到各行各业。如何将数据加工出信息、产生智能、解决过去无法解决的问题、开创新的管理和商业模式以产生新的价值，特别是运用过去无法获得的数据来催生新的服务，是未来数据时代面临的挑战和期望。航天系统科学与工程研究院立足于支撑航天、服务国家及实施军民融合发展战略，承担着数据推进的历史使命，坚持创新驱动发展，勇攀科技高峰，有决心、有能力打造国家级科学技术研究与工程实践平台及重大产业化项目的高端智库，助推数据强国的中国梦实现！

附件3
信息产业发展与变革

新一代信息产业作为战略经济产业中创新最活跃、带动力最强、渗透性最广的部分，已经成为世界各国必须抢占的未来科技和产业发展的战略制高点。目前以新一代信息技术为代表的科技成果正迅速地被转化为现实生产力，深刻地改变着当前世界科技和经济发展形态，改变着人类社会的生产和生活方式。信息技术特别是互联网技术的发展和应用正以前所未有的广度和深度，推进生产方式、发展模式的深刻变革。世界各国已达成普遍共识，信息网络技术的应用将是新一轮产业变革的核心。世界各国均在施政议程中将信息科技创新和发展放在突出位置，尤其强调发挥其调整产业结构、培育新的经济增长点的重要作用。

信息产业作为中国国民经济的战略性、基础性和先导性支柱产业，对于拉动经济增长、促进产业升级、转变发展方式和维护国家安全具有重要作用。特别是在中国向工业化、城镇化和农业现代化快速推进时期，信息技术和产业对经济社会发展的引领支撑作用将更加突出。信息产业发展对牵引和带动传统产业转型升级，推动新产业、新业态的形成，拉动经济增长具有重要作用。

但是，目前中国的电子信息产业发展与发达国家相比还存在很大差距。具体表现为：①在核心技术、知识产权和自主品牌方面明显不足。目前中国信息产业生产规模全球第一，消费量全球第二。虽然中国在电子信息产业的一些领域取得了突破，逐渐取得了一些关键技术，信息技术专利申请速度快速增长（总量已经超过300万），但是，专利数量和规模仅仅

"看上去很美"，质量和水平并没表现出应有的领导力。随着信息产业的技术专利化、专利标准化趋势日益加强，信息技术领域标准的竞争尤其激烈，在互联网标准中由中国主导的不足2%。②网络与信息安全问题日益突出。中国的信息安全产业还相对较弱，关键产品和服务依赖进口，网络安全处于极脆弱的状态，互联网长期面临被网络攻击和病毒感染的危险，网络运行安全可靠度较低。网络运行管理机制的缺陷，高端信息安全人才的缺乏，安全措施的不到位也是影响网络与信息安全的主要因素。③体制机制有待创新。伴随着中央网络安全与信息化领导小组的成立，中国的网络安全与信息化管理体制机制正在发生深刻的变化，以往存在的一些明显弊端有可能被克服。但是，就信息产业整体而言，信息产业的发展面临频谱资源受限、信息共享不足等问题，需要监管体制的进一步改革，特别是在通信与广电两部门的进一步协调方面，需要监管部门进一步发挥作用，三网融合的推进缓慢就是其中一例。④网络立法有待加强。中国信息产业网络立法层次较低，还存在短板。特别是在信息化方面，中国的立法明显滞后，不适应互联网发展的需要。特别是网络与信息安全存在漏洞，个人信息得不到有效保护。

当前中国已经进入全面深化改革的新时代，作为七大战略新兴产业之一的新一代信息产业面临着前所未有的严峻挑战和发展机遇。从国家创新驱动战略的实施，到中央网络安全和信息化领导小组的成立，体现了国家战略层面对信息产业创新发展的迫切需要和大力支持。面对科学技术的迅猛发展、国际经济和产业发展环境的不断变化，并且在中国信息技术与发达国家存在明显差距的条件下，加强信息产业发展的顶层设计和总体布局势在必行。

从系统角度看，信息产业是一个开放的复杂巨系统。人民科学家钱学森在其著作《工程控制论》中指出："使用不太可靠的元器件也可以组成一个可靠的系统"，这将为我国信息产业快速赶超发达国家指明了方向。

工程控制论书提出了信息产业发展系统模型，如附图3-1所示。首先，对当前信息产业关键环节的现状和发展趋势进行了有效的梳理、整合；其次，结合当前影响信息产业发展的国内外环境及需求，预测信息产业发展变革趋势；再次，根据变革趋势，用数据分析的方法提供客观的、科学的、有效的依据；然后，利用定性与定量相结合的综合集成方法对信息产业发展进行统筹谋划和战略布局，加强顶层设计；最后，以创新驱动战略为契机，指明信息产业未来关键环节的发展方向。只有这样才能争取新形势下发展的主动权，保证中国信息产业发展少走弯路，甚至实现信息产业弯道超车的美好愿景，助推信息产业持续、快速、健康发展。

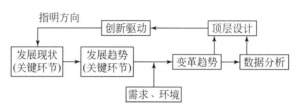

附图 3-1　信息产业发展系统模型

1.1　材料发展产业化

信息材料是信息核心基础产业的重要组成部分，处于信息产业链的前端，是信息产业发展的物质基础和先决条件。信息材料是在微电子和光电子、现代通信、计算机和网络、新兴电子光子元器件和音频视频以及多媒体等产业领域中，发射、传输、接收、存储、处理信息所用的材料。随着信息科技的迅猛发展，电子信息材料的换代步伐不断加快。电子信息材料领域的每一次创新，都是信息技术发展和信息产业前行的重要推动力。新材料技术与信息技术相互融合，促进结构功能一体化、功能材料智能化趋势突显，进一步证明了新材料正引领着信息产业蓬勃发展。

目前，美国、日本等发达国家十分重视新材料技术的发展，都将发展新材料作为科技发展战略的重要组成部分。中国也越来越重视新材料的发展，2012 年工业和信息化部发布的《新材料产业"十二五"发展规划》是国家首部新材料发展规划，提出到 2015 年，中国要建立起具备一定自主创新能力、规模较大、产业配套齐全的新材料产业体系，突破一批国家建设急需、引领未来发展的关键材料和技术，培育一批创新能力强、具有核心竞争力的骨干企业，形成一批布局合理、特色鲜明、产业集聚的新材料产业基地，新材料对材料工业结构调整和升级换代的带动作用进一步增强。

信息材料以电子或光子为载体，用于制造各种电子元器件，包括介电材料、半导体材料、压电与铁电材料、导电金属及其合金材料、磁性材料、光电子材料以及其他相关材料。电子材料质量决定了电子元器件和半导体集成电路的性能，新一代电子材料的出现将催生出新一代电子产品，是当代人类技术进步与文明发展的一大动力。无论是我们日常生活中所用的电视机、计算机、电话等电子产品，还是关系国家安全所使用的激光、通信、雷达、航空航天、舰艇探测等技术，都依赖于信息材料的发展与进步。

1.1.1 发展现状

信息材料是通信、计算机及网络、数字音视频等系统和终端产品发展的基础，作为体现自主创新能力和实现产业做强的重要环节，对于信息产业的技术创新和做大做强发挥着至关重要的作用。信息材料的发展主要集中体现在基础元器件和专用原材料的发展。

1.1.1.1 基础元器件

基础元器件范围十分广泛，分类和命名方式繁多，在传统分类中，基本可以分为器件类、元件类、组件类。器件类中有电真空器件（如显像管）、半导体器件（如晶体管和半导体集成电路）等。元件类中有电阻电容、电感元件、接插件、电声元件、电（光）线（纤）缆、电池、微特电机、敏感元件等。组件则是由元件、器件组成，属于整机设备的一个组成部分的产品，亦称部件。

1）半导体集成电路

集成电路是由多个半导体器件、电子元件按设计要求实现电学互联而成的统一体。依据材料和工艺不同，分有半导体集成电路（IC）、厚膜集成电路、薄膜混合集成电路，现在生产和使用的绝大多数是半导体集成电路。半导体集成电路按集成度（即每块芯片包含的元器件数）可分为小规模 IC（1~100 个）、中规模 IC（100~1000 个）、大规模 IC（1000~10 万个）、超大规模 IC（10 万~1000 万个）、特大规模 IC（1000 万~10 亿个）、巨大规模 IC（10 亿以上）。按电路功能可分为数字 IC、模拟 IC、模拟/数字 IC 等。数字 IC 包括了存储器 IC、逻辑 IC、微处理器 IC 等。模拟 IC 包括线性放大器 IC、运算放大器 IC 等。

自 1958 年美国研制第一块半导体集成电路以来，IC 遵循摩尔定律，飞快发展，并促使计算机、通信、消费类电子产品和各种信息工程等整个电子信息产业发生翻天覆地的变化，也带动和促进了国防和国民经济各部门的发展。IC 产业已成为国家具有战略地位的高技术基础产业。

IC 产业是技术密集产业，涉及冶金、化工等高纯原材料获取技术，光机电一体化精密设备、各类仪器仪表、软件和电子信息整机技术等。IC 产业又是资金密集产业，一个可生产 8in 硅片、0.25μm 线宽芯片的工厂，一般投入约为 15 亿美元，如果投资建设一座可生产更为先进的 12in 硅片、0.18μm 线宽芯片的工厂，则需 20 亿~25 亿美元。IC 产业又是市场波动大、更新周期快的产业，产品和设备的更新期是 3~5 年，因此 IC 产业必然是高风险的产业。

现代的 IC 产业按专业化发展已分化成相互独立的设计产业、芯片制造产业、封装测试产业，除一些大 IC 企业集团仍是各业俱全外，大多数的 IC 企业只是从事其中的某一产业领域。

中国的 IC 研制起步并不晚，但目前整个产业的各个方面和世界的差距甚大，中国需求的 IC 产业本地化配套只有 10% 左右。国内现有 IC 设计企业数百家，IC 封装测试企业数十家，芯片生产企业几家。除上海华虹 NEC 电子有限公司（华虹 NEC）外，整体产业水平仍是较低的。国家对发展 IC 这一战略产业非常重视，2000 年国务院印发《鼓励软件产业和集成电路产业发展的若干政策》，对集成电路发展大力扶持，上海、北京、广东等地也颁布了许多优惠及扶持政策。

2）片式元器件

随着电子设备的小型化，要求元器件的体积更小，电路板上的元器件由插入式改为贴装式。作为一类无引线或短引线的片状的微型元器件，片式元器件快速发展起来。现在大多数元件都在向片式化发展。目前，世界上元器件中片式化率已达50%，发达国家元器件中片式化率更高达80%，可以说，片式化是当前元器件的一个发展趋势。

片式元器件包括片式电容、片式电阻、片式电感、片式晶体管、片式变压器、片式滤波器等。用量及产量最大的为片式电容和片式电阻，二者合计占当前片式元器件的95%左右。

片式电容也叫独石电容，是由多个以电子陶瓷作为介质材料的电容叠加并联而成，层数已可达数百层，其制造融合了薄膜成型技术、烧结技术、电子功能陶瓷材料和导电材料技术等。目前向大比容化、电极金属化、微型化发展。

中国2004年电子元器件产量为2500亿只，其中，片式元器件约为1000亿只，片式化率达40%。广东风华高新科技股份有限公司是全国最大的片式元件企业。

3）光电子器件

光电子器件是种类繁多、用途十分广泛、前景广阔的新兴高科技产品，大致分以下3类。第一，光信号和电信号互相转换的器件，如光探测器、图像传感器、光纤传感器、太阳能电池、真空显像管、液晶或其他材料显示器等。第二，以光电子材料制成的光源，如激光器件、各类新型发光器件等。第三，控制和处理光电信号的元器件，如光耦合、光滤波、光放大、光复用、光开关器等。光电子器件是新兴光产业的基础。

（1）显示器件。

最常用的显示器件是电视机用的显像管和台式计算机用的显示器，它们实际是真空阴极射线管通过电信号控制阴极发射的电子轰击荧光屏显示图像。市场上经常宣传这类产品进展的用语有：平面显示、超平显示、纯平显示或是中清晰度、高清晰度显示等。主要是指显示器的弧度及显示图像的线条密度，其主要工作原理是一样的。

近年来迅速推广的还有液晶显示器（LCD），它是利用液态晶体物质分子排列对光线折射的各向异性原理工作，又分有单色和彩色液晶显示器。对于单色液晶显示器，国内已能批量生产，特别是小面积低档 TN 型液晶显示器中国已是世界主要产地，但彩色液晶（主流产品是 TFT-LCD，又叫薄膜晶体管液晶显示器）主要是日本、韩国产品占据市场。

显示器件在信息产业中居于重要位置（承担信息的显示），世界各国都在大力开发重量轻、体积小（薄型）、显示清晰、色泽美、节能的新型显示器件，从目前来看，已开始生产的有：等离子体显示器（PDP），目前已应用于大屏幕平板电视。真空荧光显示器（VFD），主要用于仪器仪表、影碟机的显示屏。发光二极管显示屏（LED），主要用于仪器仪表或公共场合的大面积显示屏。场致发光显示器（FED），目前只能生产小面积彩色显示屏，用于摄像机显示器或军用产品。有机电致发光显示器（OELD），目前已有中小面积彩色屏，用于数码相机、手机显示屏等。更轻、更薄，甚至可卷绕的彩色电子屏幕将是现实。

（2）激光器。

激光器是通过能发射激光的工作物质将其他形式的能量转变为激光的器件，激光就是具有极高亮度，单色性极纯，定向发射的相干光。自从 1960 年美国科学家研制世界第一台红宝石激光器以来，激光器和激光技术广泛应用于光通信、计算机和音像设备、机械加工设备、医疗设备、舞台设备、高能物理和军事设备等，极大地加速了信息产业发展和整个科学技术的发展。按不同的工作物质激光器可以分为固体激光器、气体激光器、半导体激光器等。固体激光器峰值功率高，多用于工业加工、医疗等领域。气体激光器输出能量大，多用于大功率加工设备和军事装备。半导体激光器是国内外发展较快的激光器，在整个激光器件市场超过 50%，如光通信中的光源、激光唱机和影碟机的光头都是采用半导体激光器，目前世界主要产地是日本，中国科学院半导体研究所和华阳集团合作已能小批生产。

（3）敏感元件与传感器。

敏感元件是能敏锐感受并获取被测量对象信息（物理的、化学的、生物的信息）的电子元件。传感器由敏感元件和转换元件构成，是能将感受获取的信息转换成有用的输出信号的器件。

传感器的信息采集作用决定了它在信息产业中的重要地位和作用。由于信息的多样化又决定了敏感元件和传感器的多样性。一般有物理量传感器（如光敏、热敏、力敏、电压敏、磁敏、声敏、射线敏传感器等），还有化学传感器（如气体敏、湿度敏传感器等）及生物量传感器等，品种达2万多种。不同的传感器采用不同的工作原理和不同的材料工艺，其间可谓千差万别，体现了传感器产品研制和生产的多样性、边缘性和综合性。全球市场容量约200亿美元，中国已能批量生产热敏、力敏、磁敏、气敏、湿敏、光敏等元件，但规模和水平与国外仍有较大差距。

（4）新型环保电池。

电池是使用极广泛的产品，老一代电池不少因材料或生产过程对环境有较大污染，另外大量移动式电子电气设备的应用以及对汽车废气的限制都要求使用新一代高效环保电池。目前已批量生产及重点开发的环保电池主要有碱性锌锰干电池，由于应用无汞锌粉材料而避免汞污染，已成为干电池的主流产品；镍氢电池，取代了含有害物质的镍镉电池；锂离子电池，由于性能更优越大有取代镍氢电池之势，最近几年又发展了塑料锂离子电池（也称聚合物锂离子电池），由于电解液固化在聚合薄膜之中，电池可制成软性片状，是很有前途的产品，TCL集团股份有限公司在聚合物电池研究中有重要贡献；燃料电池，利用燃料（如氢气或含氢燃料）和氧化剂（如空气中的氧）直接发电，普遍认为是电动汽车最理想的动力源。

1.1.1.2　专用材料

专用材料是生产基础元器件必需的材料。因此，这类产品是信息产业基础中的基础，它决定和支撑着整个电子信息产品的水平和发展。专用材料涉及冶金、有色、化工、生物、精密设备等广阔领域，主要有半导体材料、光电子材料、电子陶瓷材料、磁性材料、生物材料、纳米材料等。由于过去计划经济影响和自身技术资金的限制，目前专用材料是中国产业发展的薄弱环节，而这类产品的市场前景和效益前景却是十分可观，因此，在产业结构调整中应大力鼓励发展。

1）半导体材料

半导体材料的品种门类繁多。从材料构成看，主要是硅半导体材料和化合物半导体材料两大类；从工艺构成看，主要是单晶片和外延片两大类。所谓外延片，就是通过非常精密的物理或化学等方法在衬底材料上生成所需要的半导体功能材料。

硅单晶材料是目前世界上用量最大的半导体材料，世界95%以上的半导体器件和99%以上的集成电路是用硅材料制作的。目前世界上硅单晶的主流产品是8in硅片，12in硅片亦已开始生产，研制水平已达到硅片直径16in，而中国大量生产的是4~6in硅片，8in硅片只是小批量生产。

化合物半导体主要有砷化镓材料（包括单晶和外延片）、磷化铟材料等，这些材料比硅材料更适用于高频率、超高速、低功耗、低噪声的器件和电路，以及发光器件和激光器件，主要用于移动通信、光通信、数字音像设备、超高速电脑和军事电子装备等，因此近年有快速的增长，这类产品有非常良好的市场前景。国内对化合物半导体的研究比较重视，其门类比较广泛齐全，但基本处于实验室研制或少数品种小批量生产，在规模化生产及产品的技术水平上和国外有较大差距。

半导体集成电路生产还大量需要超高纯的化学试剂、各种超高纯的气体和芯片包封的化学材料，以上材料国内可以开发和生产部分品种，但可适用线宽1μm以下集成电路生产的材料基本上仍是空白。

2）光电子材料

光电子材料种类繁多，如按功能分类主要有激光材料、光电探测材料、光学功能材料、光纤材料、光电显示材料、光存储材料等。以上材料中，中国较强的首先是非线性光学功能材料。例如，研制生产居国际前列的偏硼酸钡（BBO）和三硼酸锂（LBO），可用于大功率全固态激光器等。其次是光纤材料。激光晶体中只有掺钕钇铝石榴石能批量生产，其他基本上生产能力极小；液晶材料能批量生产的只有低档的TN型。其他光电子材料虽然有不少单位研制，但绝大部分仍是处于实验室阶段，整体产品水平与国际水平差距较大。光电子材料是技术难度很高、生产投资较大的产品，不少是需要政府行为加以扶持的。

由于光通信发展迅速和市场广阔，有必要介绍一下光纤材料的发展情况。1966 年英籍华人高琨论证了光纤传输损耗可降到 20dB/km 后，1970 年美国康宁公司研制出世界第一根损耗低于 20dB/km 的光纤。此后 30 年，光纤产业发展突飞猛进，当前全世界 80% 的信息业务由光纤传输，光纤已成为承担信息高速公路的主要角色。

光纤是两种不同折射率的传光材料制成，内芯材料是传输光波的主体、外层是包层。所谓光纤材料主要是指由这两种材料合制成的光纤预制棒，光纤就是用预制棒在炉中拉出细细的光纤维丝。常见的光纤材料主要是石英玻璃类、掺铒玻璃类（用于光纤放大器）、塑料光纤类（可用于接入网）。由于对光纤预制棒内杂质控制和尺寸要求极高，全世界只有少数十几个公司能批量生产。国内武汉长飞光纤光缆有限公司已能小批生产，但目前已有 7~8 家公司正在启动，其中包括深圳特发集团有限公司。

3）电子陶瓷材料

电子陶瓷材料是制作各类电子陶瓷元件的主要材料，主要分为装置陶瓷材料（用于厚膜电路、片式电阻瓷基板）和功能陶瓷材料两大类。而功能陶瓷材料又分为介质陶瓷（用于片式电容等）、热敏陶瓷（用于热敏电阻）、压敏陶瓷（用于传感器等）、压电陶瓷（用于换能器、滤波器等）、微波介质陶瓷（振荡器、双工器等）材料等，以上各类材料中国基本都有生产，但对于高精度或超小体积、超高频率的元件的生产仍未达到国外同类水平。

4）磁性材料

凡运用电磁特性原理制作电子元器件基本上都要用到磁性材料。磁性材料按性能可分为永磁（又称硬磁）材料、软磁材料、旋磁材料、磁记录材料等；按材料成分分则主要包括金属磁性材料和铁氧体磁性材料。磁性材料及其制成的零部件，广泛地应用在经济和社会生活各个领域。

永磁材料是经过一次充磁过程后，即能产生恒定磁场的材料。金属永磁材料的代表品种主要是钕铁硼合金；铁氧体永磁材料主要有锶铁氧体和钡铁氧体，铁氧体永磁材料产量占永磁材料的90%以上。

软磁材料是容易磁化也容易退磁的磁性材料。金属软磁材料主要有铁硅合金、铁镍合金等；铁氧体软磁材料主要有锰锌铁氧体、镁锰锌铁氧体和高频用镍锌铁氧体材料等。

磁记录材料是磁记录、磁光记录中的数据载体材料和信息读写磁头的材料。作为磁记录材料，主要是各类磁粉（氧化铁、金属磁粉等）和基片材料（塑料薄膜、金属薄膜、玻璃片等）。作为磁头材料，主要是铁镍合金、铁氧体材料、镍铁薄膜、磁阻及巨磁阻材料等。作为磁光记录材料，主要有重稀土-过渡族金属非晶薄膜、多晶调制薄膜和石榴石多晶薄膜等。

在永磁材料和软磁材料方面，中国的生产规模已属世界第一，但在产品档次和工艺设备方面，与世界水平仍有 5 ~ 10 年差距。在磁记录材料方面，改革开放后引进并大量生产了录音、录像磁带片的材料及产品，但这类产品市场已大大萎缩。中国现在是各类磁头的生产大国，但磁头材料除录音磁头外，其他的磁头材料基本依靠进口。磁光记录材料也是基本依靠进口。总体说来，差距仍在扩大，这确应引起高度注视。

5）生物材料和生物芯片

各种各样的电子敏感器件是由各种各样的材料制成，其中有一类是有生物活性物质的材料。这类材料制成的敏感器件，可用以测量分析各种生物化学数据。生物材料主要包括：生物酶、动植物组织、微生物膜、抗原与抗体、核酸链（DNA）等。

DNA 芯片是近年兴起的热门生物芯片。将各种已知特定序列的核酸单链（常称 DNA 探针），以很高密度有序地固定在玻璃、硅片等固体基片上，就制成了 DNA 芯片。在检测作为目的物的 DNA 时，通常先将目的物加以标记（如放射性、荧光酶标记等），然后用 DNA 芯片检测目的物，经过一定化学处理，让芯片上的 DNA 探针与带有标记的目的物 DNA 进行杂交反应。完全杂交反应、不完全反应或不能杂交反应都将在 DNA 芯片上产生相应的信号。这些信号通过检测并经电脑处理，可以得出被检测的

DNA 信息。目前 DNA 芯片已达每片集成 40 万条以上 DNA 片段。肇庆星湖生物科技股份有限公司已开始和上海合作共同开发生产 DNA 芯片。生物芯片对疾病检测、治疗、生物筛选以及对人工智能、生命揭示的研究将有重要的意义。

6) 纳米材料和纳米技术

纳米是长度度量单位,1 纳米（1nm）为十亿分之一米,约等于 45 个原子排列的长度。当超微细材料特征尺寸为 1 ~ 100 nm 范围时,称为纳米材料。纳米级范围的材料存在着尺寸效应和量子效应,会导致电学、磁学、光学、力学等性质发生奇异的变化。例如,1991 年发明的碳纳米管,重量相当于钢的 1/6,强度却是钢的 10 倍。纳米材料的特种性能,将可用于制作各种纳米产品。在电子工业上,有纳米磁性和磁记录材料、纳米电子陶瓷材料、纳米有机存储材料、纳米电波吸波材料、纳米导电浆料等。实际上,各个行业都将广泛应用纳米材料。

纳米技术是一个更广泛的概念,就电子信息产业范围来说,纳米技术主要可以体现在 3 个方面。一是研制和生产纳米材料的技术。二是纳米级的加工和制作技术。例如,开发生产线宽低于 $0.1\mu m$（即 100nm）的集成电路,进入纳米级范围,将采用更多不同于常规的设备和原理去研制生产;三是利用纳米级物质的特性原理去制作新一代的产品。例如,至今为止,电子器件都只是利用电子波粒二象性的粒子性原理,在纳米级器件将要用电子的量子效应（波动相位）原理制作量子器件,这将解决集成电路线宽极限的问题,对整个信息产业的发展和前途的影响都是无可估量的。

中国对纳米材料的开发和纳米技术的研究非常重视,起步与世界基本同步,有不少纳米材料研制已达世界水平,如碳纳米材料、纳米有机存储材料等,但在纳米级加工设备和利用纳米范畴原理制作新一代产品方面与世界仍有较大差距。

1.1.2　核心材料

现代信息技术是以微电子学和光电子学为基础,以计算机和通信技术为核心，对各种信息进行收集、存储、处理、传递和显示的高技术群。微电子材料和光电子材料是在半导体材料，特别是硅材料的基础上发展起来的，是信息材料发展的里程碑。

20世纪初，无线电通信器件之一的矿石检波器，是硅最早在信息技术领域的应用。1941年，硅被成功地应用于二极管的制作。1947年，全世界第一个锗点接触式二极管的研制成功，将锗材料的研究推向了新的高潮。1950年，锗单晶的拉制成功，推动了锗生产技术在20世纪50年代的飞跃发展。1952年，硅单晶拉制成功。由于硅技术的突破晚于锗，所以在整个50年代，半导体材料的研究仍以锗为主。50年代末，集成电路平面工艺的出现，导致硅和锗材料在半导体技术地位发生了逆转。60年代，锗在微电子技术领域的重要地位开始让位于硅，至今硅仍是集成电路的最重要的基础材料。

电子信息材料及产品支撑着现代通信、计算机、信息网络技术，为机械智能系统、工业自动化和家电等现代高技术领域，在国民经济中占有重要的战略地位，是材料领域中科技创新和国际竞争最为激烈的部分。

电子信息材料主要包括微电子、光电子技术和新元器件基础产品领域中所用的材料，主要包括以单晶和多晶硅为代表的电子陶瓷材料；以激光晶体为代表的光电子材料；以介质陶瓷和热敏陶瓷为代表的电子陶瓷材料；以钕铁硼永磁材料为代表的磁性材料；光线通信材料；以磁存储和光存储为主的数据存储材料；压电晶体与薄膜材料；新型光电子纳米粉体及薄膜材料；等等。这些基础材料及其产品支撑着通信、计算机、网络技术等现代信息产业的发展。

1.1.2.1　信息处理材料

信息处理材料主要是指用于对电信号或光信号进行检波、倍频、限幅、开关、放大等信号处理的器件的一类信息材料，主要包括微电子信息处理材料和光电子信息处理材料两大类。

微电子处理即对电子电路中的信息电流、电压等信号进行接收、发射、转换、放大、调制、解调、运算、分析等处理，以获取有用的信息。按所处理信号与时间关系的分类，信息处理系统又可分为处理模拟信号的模拟集成电路和处理数字信号的数字集成电路两类。

以大规模集成电路为基础的电子计算机技术是信息处理的主要应用平台，随着计算机技术的发展，对其处理速度和处理容量的要求也越来越高，因此对计算机中央处理器的速度和内存的要求越来越高。目前各大半导体厂商一方面致力于成熟存储器的大容量化、高速化、低电压低功耗化；另一方面根据需要在原来存储器的基础上开发各种特殊存储器。随着器件的缩小，对信息材料的要求会越来越高，面临来自材料性能的问题也会越发突出。

光电子信息处理包括光的发射、传输、调制、转换和探测等，而光电子信息处理材料则是基于光信号的发射、传输、调制、转换和探测的集成光路材料。这次材料主要依据二次电光效应、泡克尔斯效应等原理达到光与电的相互作用。

1.1.2.2 信息存储材料

信息存储材料是指用于各种存储器的一些能够用来记录和存储信息的材料。这类材料在一定强度的外场（如光、电、磁或热等）作用下会发生从某种状态到另一种状态的突变，并能在变化后的状态保持比较长的时间，而且材料的某些物理性质在状态变化前后有很大差别。因此，通过测量存储材料状态变化前后的这些物理性质，数字存储系统就能区别材料的这两种状态并用0和1来表示它们，从而实现存储。

信息存储材料作为信息的直接载体一直是存储技术的关键和核心。信息存储材料的种类很多，主要包括半导体存储材料、磁存储材料、五级光盘存储材料、有机光盘存储材料、超高密度光存储材料和铁电存储材料等。这些材料实现信息存储的原理不同，存储性能差异很大。

1.1.2.3 信息显示材料

信息显示材料主要是指用于各类显示器的发光显示材料。随着人类步入信息社会，各种显示设备随处可见，如电视图像显示器、计算机屏幕显示器、MP4 显示屏、电子数字手表、手机屏幕和图形显示装置等。这些显示设备都通过信息显示材料及其设备的信息，将不可见的电信号转化成可视的数字、文字、图形、图像信号。

自 1987 年发明阴极射线管（CRT）以来，光电显示技术得到不断的发展。相关发光材料、器件设计及制造技术的不断改进，使阴极射线管的性能越来越好，很快占据显示领域的主导地位。而 20 世纪 60 年代后，集成电路技术的发展使各种信息器件向小型化、轻量化、低功耗化和高密度化方向发展，作为电真空器件的阴极射线管具有体积大、笨重、工作电压高、辐射 X 射线等不可克服的缺点，限制了其向轻便化、高密度化、节能方向化发展。平板显示技术的出现，顺应了信息技术的发展潮流，其中较为突出的是液晶显示技术的发展和应用。70 年代各种液晶手表、计算器走向实用，80 年代液晶电视诞生，目前已广泛应用于电脑、电视和各种信息设备之中。

1.1.2.4　信息传感材料

信息传感材料是指用于信息传感器和探测器的一类对外界信息敏感地材料。在外界信息如力学、热学、光学、磁学、化学或生物信息的影响下，这类材料的物理或化学性质（主要是电学性质）会发生相应的变化。通过测量这些材料的物理或化学性质对外界信息变化的反映，就能方便而精确地探测、接收和了解外界信息及其变化。信息传感材料包括力敏感材料、热传感材料、光学传感材料、CCD 芯片材料、磁敏感材料、生物传感材料和光纤传感材料等。

力敏感材料主要用的是单晶硅和多晶硅，而纳米硅、碳化硅和金刚石薄膜是正在研究的材料；热传感材料是金属氧化物功能陶瓷，同时单晶硅、单晶锗也有应用，多晶碳化硅和金刚石薄膜是正在研究的材料；磁敏感器包括霍尔效应器件、磁阻效应器件和磁强计，主要用单晶硅、多晶 InSb、GaAs、InAs 和金属材料；辐射传感材料包括光敏电阻、光敏二极管、光电耦合器、光电测量器等，主要用Ⅱ族和Ⅱ族化合物半导体及其多元化合物，也有硅、锗材料；化学量和生物量传感材料在硅材料上沉积一层可探测化学物质；陶瓷传感器和有机物传感材料是目前传感器研究的另一个热点。

1.1.3　发展前景

中国信息产业的稳步、健康发展，电子信息材料成为不可或缺的重要组成部分。电子信息材料高速增长的主要原因是信息产业快速增长；新能源光伏产业需求的带动；新型元器件技术提升、规模扩大，对高附加值电子信息材料需求增加；提高了对自主创新的认识，高附加值电子信息材料产品逐步增加；材料价格有所上调；等等。

1.1.3.1　工业硅需求旺盛

工业硅产业是整个硅产业链中的源头产业和基础产业，近两年，多晶硅及光伏产业发展速度非常快，该产业的发展前景也被普遍看好。工业硅产业和多晶硅及光伏产业是同属于硅产业链的上下游产品行业，数量和质量上彼此存在紧密的制约关系。世界太阳能光伏产业的高速发展，导致多晶硅原料的供应紧张，使大多数太阳电池企业不能满负荷生产。中国的多晶硅材料的供应缺口更大。

1）多晶硅发展趋势

节能降耗是多晶硅产业的迫切任务。近几年由于市场需求的快速增长，作为半导体、太阳能光伏电池的重要原材料，从需求来看半导体用多晶硅需求约在20900 t/a，太阳能电池用多晶硅需求约在18000 t/a，总的需求量约为38900 t/a，产需缺口5950 t/a。预测世界多晶硅生产企业的产能扩大需要两年左右的时间。据专家统计，近几年国内对多晶硅材料的需求将大幅上涨，供需差距很大，95%以上的多晶硅仍来自进口，提升突破多晶硅产业化技术，节能降耗是行业的迫切重要任务。

多晶硅材料的短缺及其价格的上涨，带来国内对多晶硅投资、引资的强烈增长。多晶硅产品纯度高，工艺要求严格，设备专用而且资金投入大，行业技术进步快，生产中的副产品回收利用、三废处理和循环经济投入大，要加大研究费用的投入，才会显现产业链和规模的综合效应；近几年国内多晶硅实际需求量约1万t，对已有基础条件的多晶硅生产企业，加大产业化新技术的突破，同时新建2~3家多晶硅生产线，形成中国的多晶硅产业是必要的。

目前，专家还建议加强自主创新，加大对太阳能电池用低成本多晶硅生产技术研究开发的支持力度；国家有关部门加强宏观引导。当前中国多晶硅工程投资过热，国内上马和筹建项目产能初步统计已达5万多吨，预计投放的资金量达400亿元以上，国内多晶硅产能将面临过剩的局面，新建项目设立和启动建设工程一定要慎重；国内多晶硅厂家将在人才不足、生产成本、产品质量、价格和节能减排等方面面临严峻挑战；为了规范行业和市场的发展，建议上下游行业企业紧密结合，组织半导体用多晶硅标准的修订，加快太阳能电池用多晶硅标准的制定。

2）单晶硅发展趋势

单晶硅发展以中小尺寸为主。太阳能级单晶硅产量的大幅增加主要是受太阳能电池市场快速增长的拉动，以及国产单晶炉质量提高、价格较国外单晶炉低等原因。半导体级单晶硅总的发展状况趋于平稳。

在硅材料中硅抛光片的技术含量高，抛光片的发展标志着国内硅产品的进步。中国的抛光片产量上涨势头良好，抛光片主要以直径4in、5in、6in为主。全球硅外延片的年产量中，中国只占3.3%。目前，中国绝大部分企业只能生产4~6in硅外延片，8in、12in硅外延片正在研究试制。专家介绍说，硅材料市场前景广阔，中国硅单晶的产量、销售收入近几年递增较快，为世界和中国集成电路、半导体分立器件和光伏太阳能电池产业的发展作出了较大的贡献。

3）砷化镓材料发展趋势

砷化镓材料将向大直径长尺寸发展。随着砷化镓集成电路（GaAs IC）集成度的提高和降低成本的需要，GaAs材料总的发展趋势是晶体大直径、长尺寸化。用于光电子领域的砷化镓材料采用水平布里其曼法（HB）、垂直布里其曼法（VB）和垂直梯度冷凝法（VGF）制备；半绝缘砷化镓材料主要应用于微电子领域，主要采用高压液封直拉法（HPLEC）、常压液封直拉法（LEC）、垂直布里其曼法和垂直梯度冷凝法制备。VB/VGF 技术在国际上已发展成为成熟的砷化镓晶体生长工艺，采用该技术生产的 $\Phi 76.2mm$、$\Phi 100mm$ 的抛光片已商品化，目前国外半导体砷化镓材料的主流产品依然是 $\Phi 76.2mm$。国内低阻砷化镓材料的主流产品为 $\Phi 50.8mm$ 和 $\Phi 76.2mm$。

低阻砷化镓材料主要用来制造发光二级管（LED）、半导体激光器（LD）、高效太阳能电池、霍尔组件等。随着国内汽车电子显示器件及高亮度 LED 尾灯的需求增长，对这类材料的需求量还会大幅度增长。目前，在福建、广东、山东、江西及石家庄等地区已建成和正在兴建的 $\Phi 50.8mm$ 器件生产线有十几条，但衬底材料基本上全部从国外进口。

1.1.3.2　光电子信息材料发展空间广泛

微电子技术的发展带领社会进入信息化时代，光电子技术是继微电子技术之后迅猛发展起来的综合性高新技术。随着 20 世纪 70 年代后期半导体激光器和硅基光导纤维两大基础元件在原理和制造工艺上的突破，光子技术和电子技术开始结合并形成了具有强大生命力的光电子信息技术和产业。至今光电子（光子）技术的应用已涉及科技、经济、军事和社会发展的各个领域，光电子产业已经成为 21 世纪的支柱产业之一。光电子技术产业发展水平既是一个国家的科技实力的体现，又是一个国家综合实力的体现，光电子技术产业未来发展空间广泛。

光电子材料是指能产生、转换、传输、处理、存储光电子信号的材料。光电子器件是指能实现光辐射能量与信号之间转换功能或光电信号传输、处理和存储等功能的器件。光电子材料是随着光电子技术的兴起而发展起来的，光子运动速度高、储能容量大、不受电磁干扰、无电阻热。光电子材料向纳米结构、非均值、非线性和非平衡态发展。光电集成将是

21世纪光电子技术发展的一个重要方向。光电子材料材料尺度逐步低维化——由体材料向薄层、超薄层和纳米结构材料的方向发展，材料系统由均质到非均质、工作特性由线性向非线性，由平衡态向非平衡态发展是其最明显的特征。光电子材料发展重点将主要集中在激光材料、红外探测器材料、液晶显示材料、高亮度发光二极管材料、光纤材料等。

1）半导体照明

半导体照明关键设备还很薄弱。中国LED完整的产业链已基本形成，在上游外延材料、中游芯片制造、下游封装与应用各环节均已进入量产阶段，不过目前在相应的关键设备方面还非常薄弱。据专家介绍，上游外延材料已实现了量产，但产业化水平不高，而外延材料和芯片制造的关键设备主要还是依赖进口；中游芯片制造与国外差距不大，GaN基LED芯片依赖进口的局面正在改变，但企业规模与国外大公司相比差距较大；下游封装实现了大批量生产，中国正在成为世界重要的中低端LED封装基地；半导体照明光源及灯具已批量出口销售。中国LED市场规模平均增长率为34%。"十五"期间，在"国家半导体照明工程"的组织实施过程中，通过自主技术创新，材料研究与开发方面取得了许多重要突破并达到世界先进或领先水平；在材料的制备、结构与性能表征等基础研究方面取得了一批具有世界先进水平的成果。

2）液晶显示材料

液晶显示材料正经历空前繁荣的阶段。显示器市场空前繁荣与活跃，中国原有的TN-LCD、STN-LCD产业在液晶全行业中依然占据十分重要的地位，尽管其总产值已低于TFT-LCD，但TN-LCD、STN-LCD产业基本上保持了平稳发展的态势，而与它相关的材料、制造设备业也得到相应的发展。到目前为止，尽管我国LCD相关材料还不能完全满足TN、STN-LCD产业的需求，但是经过这些年的努力确有长足进步。首先是涉及的面宽了许多，几乎TN、STN-LCD产业所需的所有材料，国内都可以生产。其次产品质量上这几年也明显有所提高。再次，材料销售额在全行业的比重加大了，现在的问题是，中国的TFT器件产业起来了，但原材料大大地跟不上。现在除了背光源在相当程度上可满足TFT模块的要求外，几乎所有

TFT 器件生产所需要的材料都要进口。这就大大增加了成本，不利于产业健康发展。因此，大力发展 TFT-LCD 相关材料成了行业的共同任务和当务之急。

3）有机发光二极管（OLED）有机发光材料

OLED 有机发光材料备受关注。随着 OLED 技术及产业化的兴起，制约 OLED 显示器性能的有机发光材料成为其制造的关键原材料，也因此受到众多研究学者和产业界更多的关注。国内在有机发光材料领域走在产业化前面的为以长春应用化学研究所为研发背景的欧莱德化学材料有限公司，但其在自主创新材料的开发上离业界水平还有很大距离。其次，是以 OLED 器件研究为主的北京维信诺显示技术有限公司，北京维信诺显示技术有限公司同清华大学有机光电实验室合作，近两年来在创新材料的开发上取得了一系列的进展，尤其在红光材料和阴极电子注入材料的开发上获得了实用性的自主创新的材料，为昆山维信诺 OLED 量产线运行所需的有机发光材料产业化配套奠定了基础。此外，华南理工大学的曹镛院士在聚合物发光材料方面颇有建树，北京大学、吉林大学、东南大学、北京理工大学、中国科学院化学研究所也纷纷投入有机光电材料开发领域的研究工作，但未见到领先世界水平的新材料报道。

4）光纤、光纤预制棒材料

光纤、光纤预制棒材料市场需求旺盛。光通信是中国推行以信息化带动工业化，建设信息社会的基石。目前中国光纤年需求量约占全球 1/4，产量约占全球 1/3，能否在光通信领域掌握主动权直接关系到国家信息安全和国民经济能否健康稳定发展。"十五"期间，中国在光纤预制棒的研究和生产中取得显著的成果。长飞公司对等离子体化学气相沉积（PCVD）进行优化改进，制备了 120mm 大尺寸光棒，低水峰光纤达到世界先进水平，同时正在开发世界上先进的大套管真空拉丝（RIC）大尺寸光棒拉丝工艺技术，富通集团、法尔胜股份公司的光纤预制棒生产规模也有不同程度的扩大并有少量出口。中国已成为世界光纤预制棒和光纤生产应用大国，北京国晶辉红外科技公司研制的四氯化锗材料年生产能力达 20t，替代了大部分进口产品。

当前，光纤供求关系正在逐渐发生变化这，为光纤到户做了很好的准备，日常 3G 移动通信基站建设的开始以及"村村通"工程促进了光纤市场的发展。光纤到户是信息化的必然趋势，预计在未来 5 年内中国 FTTH 市场总规模将有可能超过 10 000 亿元。专家表示，光纤产业前景广阔，新的市场机遇已经来临。

2.1　产品创新核心化

电子信息材料的发展进步支撑着电子信息产品的更新换代。电子信息产品是现代微电子技术、电子计算机技术、通信技术等信息技术发展的产物，是信息技术创新的核心体现。

2.1.1　发展现状

从全球来看，中国已经成为世界信息产业大国，是全球重要的消费电子生产基地，中国电子信息产品从"默默无闻"跨越到了"名列前茅"，移动电话、DVD、彩电、程控交换机等消费电子产品以及多个电子元器件的产销量均居世界第一。近 10 年来，中国电子信息产品制造业以 3 倍于 GDP 增长的速度高速发展，保持国民经济第一支柱产业的地位。

2.1.1.1　产品进出口情况

2014 年上半年，随着全球经济形势趋向好转以及中国稳增长的"微刺激"政策逐步取得成效，中国电子信息产业增速震荡上扬，主要指标增速呈现小幅回暖。全行业继续深化结构调整、产业升级等一系列提质增效举措将为产业后续发展注入新的动力。据工业与信息化部最新数据显示，2014 年 1～6 月，中国电子信息产品进出口总额为 6045 亿美元，同比下降 6.9%，降幅比 1～5 月收窄 2.2 个百分点，其中，出口额为 3570 亿美元，同比下降5.9%，降幅比1~5月收窄1.8个百分点，占全国外贸出口比重为33.6%；进口额为2475亿美元，同比下降8.2%，降幅比1~5月收窄2.9个百分点，占全国外贸进口比重为25.8%。6月当月，电子信息产品进出口均呈增长态势，出口额为609亿美元，同比增长4.5%；进口额为429亿美元，同比增长8.3%，扭转前期同比下降势头。

2.1.1.2 行业发展情况

总的来看，目前电子信息产品行业发展快慢不一。通信设备行业一枝独秀地引领行业发展。2014年1~6月，通信设备行业实现销售产值、出口交货值、内销产值分别增长16.4%、10.8%和21.7%，高出全行业平均水平10.7个百分点、6.9个百分点和5.7个百分点，但比2013年同期分别下降12.3个百分点、12.8个百分点和12.4个百分点。销售产值占全行业比重超过18%，仅次于计算机行业，位居各行业第二。其中销售产值和出口交货值对拉动行业增长的贡献率分别为29.7%和44.5%，比2013年同期下降4.9个百分点和11.9个百分点。1~6月全行业生产手机8.46亿台，增长14.0%；移动通信基站17 982.2万信道，增长146%；程控交换机1481万线，增长25.5%。

家用视听行业月度增速快速反弹。受巴西世界杯因素的影响，家用视听行业国内市场、海外市场纷纷呈现快速反弹迹象。2014年6月家用视听行业实现内销、出口交货值分别增长12.1%和11.1%，比5月分别提高18.9个百分点和7.4个百分点。1~6月，家用视听行业实现销售产值3260亿元，同比增长4.1%，比去年同期下降11.1个百分点，其中出口交货值1481亿元，同比增长9.1%，比去年同期提高13.3个百分点。1~6月，全行业生产彩色电视机7064.9万台，增长12.6%，其中液晶电视增长6549.5万台，增长17.8%，占比92.7%；阴极射线管电视下降43.5%；等离子电视下降70.6%。

电子元器件行业发展速度趋缓。2014年1~6月，电子元件行业实现销售产值和出口交货值分别为7804亿元和3363亿元，分别增长7.7%和

0.2%，低于行业平均水平 1.9 个百分点和 3.7 个百分点。电子器件行业实现销售产值和出口交货值分别为 7181 亿元和 4461 亿元，分别增长 8.0% 和 1.9%，低于全行业平均水平 1.6 个百分点和 2.0 个百分点。1~6 月，生产集成电路 471.2 亿块，增长 9.2%；半导体分立器件 2520.1 亿只，增长 6.9%；电子元件 18 147.2 亿只，增长 7.6%。

计算机行业出口增速扭转负增长。2014 年 1~6 月，计算机行业实现销售产值 10 961 亿元，同比增长 3.7%，低于行业平均水平 5.9 个百分点。计算机行业占全行业比重继续下滑，截止到 6 月底，占全行业比重为 23.0%，比去年同期下降 1.3 个百分点；实现出口交货值 8059 亿元，同比增长 1.0%，比年初提高 1.8 个百分点。1~6 月，计算机行业销售产值和出口交货值对全行业增长的贡献率分别为 9.5% 和 8.6%，比去年同期分别下降 1 个百分点和 10.7 个百分点。1~6 月，全行业共生产微型计算机 16 083 万台，增长 7.5%，其中笔记本电脑增长 9.6%，占比 77.9%；数码相机 1235 万台，下降 48.9%。

软件收入增长缓中趋稳。2014 年 1~6 月，中国软件和信息技术服务业发展呈缓中趋稳态势，收入增速比去年同期有明显回落，但连续多个月稳定在 21% 左右，产业结构不断调整，新兴领域持续蓬勃发展。1~6 月，软件和信息技术服务业实现软件业务收入 16 929 亿元，同比增长 21%，增速与前几个月基本持平，但比去年同期回落 3.5 个百分点。其中，数据处理和存储服务继续领先全行业发展，实现收入 3085 亿元，同比增长 27.5%，增速高出 1~5 月和去年同期 0.5 个百分点和 3.1 个百分点，占全行业比重升至 18.2%，比去年同期提高 0.9 个百分点。集成电路设计行业发展明显加快，上半年实现收入 501 亿元，同比增长 23.5%，增速比 1~5 月和去年同期提高 1.2 个百分点和 13.4 个百分点。软件产品、信息系统集成服务和信息技术咨询服务增长均有所放缓，完成收入 5334 亿元、3339 亿元和 1771 亿元，同比增长 19.6%、17% 和 21.3%，增速分别低于去年同期 7.4 个百分点、10 个百分点和 3.5 个百分点。嵌入式系统软件实现收入 2898 亿元，同比增长 21.3%，增速比去年同期提高 3 个百分点。

全行业利润率实现小幅攀升。2014 年 1~5 月，全行业实现主营业务收入 37 801 亿元，同比增长 8.7%；利润 1363 亿元，同比增长 26.8%。2014
年 2~5 月，全行业实现利润率分别为 2.2%、3.2%、3.4% 和 3.6%，呈现
一路走高态势，但低于工业平均水平 1.87 个百分点。其中，通信系统设备、
电子元件和集成电路行业实现利润率分别为 6.1%、4.7% 和 4.5%，明显好
于全行业平均水平。1~5 月，主营业务成本增长 8.1%，低于收入增速 0.6
个百分点，每百元主营业务收入中的成本为 89.6 元，与上月持平。1~5
月，全行业亏损企业面 24.5%，比 1~4 月和去年同期分别下降 1.7 个百分
点和 2.8 个百分点。

2.1.2　核心产品

电子信息产品功能各异，种类繁多。计算机、通信、集成电路等行业
相关产品应用极其广泛，是产业技术创新的核心。

2.1.2.1　计算机产品

计算机是 20 世纪的重大发明。计算机发展经历了四代，分别为电子
管计算机、晶体管计算机、大规模集成电路计算机、超大规模集成电路计
算机。世界上第一台电子数字式计算机于 1946 年 2 月 15 日在美国宾夕法
尼亚大学正式投入运行，它的名称叫 ENIAC（埃尼阿克）。它使用了 17
468 个真空电子管，耗电 174kW，占地 170m^2，重达 30t，每秒钟可进行
5000 次加法运算，其计算能力仅相当于现在的计算器。但是 "ENIAC"
的诞生，是计算机发展史上的一个里程碑，标志着计算机时代的到来。集
成电路出现后，计算机性能和成本开始达到规模应用的需要。现在中国的
天河 2 号超级计算机的能力是 Cray-1 的 4 亿倍，其实际峰值（每秒 33.86
千万亿次）成为目前全球最快的计算机，它使用了 38.4 万个 CPU，但大
量的芯片仍来自英特尔公司。

解决一些复杂的科学或工程问题需要调用多个超级计算机。这些超算
机可以几何分布，可以不属于同一单位，这种情况就是网格计算，再进一

步发展则是公用计算。它的优势在于计算任务的提出和使用者无需关心计算资源的归属和位置,只是按需使用和付费即可,这一概念的延伸和商业化实现催生了云计算。

2013 年以来,中国计算机产业保持平稳增长,产业发展呈现"稳中求进"态势,生产增速小幅攀升,效益状况有所好转。2013 年,中国共生产微型计算机 3.37 亿台,同比下降 4.9%,其中笔记本 2.73 亿台,同比增长 7.9%。受智能手机和平板电脑等"超移动设备"快速增长的影响,传统 PC 出货量不断下滑,台式机销量同比下滑超过 10%,平板电脑销量增速超过 45%。产品发展呈现不冷不热的态势。计算机产品设计正由传统 PC 向移动端迁移,低功耗芯片、固态存储、可触摸屏幕、运动传感器等核心芯片与零件组件需求呈指数级增长,便携式、平板化智能终端产品的比重不断加大。

2.1.2.2 通信行业产品

2013 年以来,中国通信行业设备需求较为旺盛,刺激了行业生产的增长。3G、4G 网络建设及智慧城市等因素影响增加了基站等设备的需求,移动终端设备产品销售显著增加,同比增长 35.18%,但值得注意的是,通信设备产品利润率明显偏低,2013 年前三季度仅为 3.07%,低于整个通信设备行业的平均水平,且呈下降态势。移动基站的生产规模在 2013 年第四季度达到 9404.18 万信道,同比增长 9.3%。手机推动着通信设备行业向前发展,2013 年全国上市手机新型机 2861 款,同比下降 26.7%。其中,2G 手机新机型 786 款,3G 手机新机型 2055 款,TD-LTE 手机新机型 20 款。智能手机新机型 2288 款,同比增长 3.0%,占同期新机型的 80%。Android 操作系统占智能手机新机型数的 96.9%。通信产品总体需求向好,移动电话机畅销,行业总体收入增长较快。当前,中国通信终端产品受国际品牌影响较大,部分企业也由功能型手机向智能型手机生产转型。

2.1.2.3　集成电路行业产品

集成电路是信息产业的基础。集成电路的发明开拓了电子器件微型化的新纪元，引领人们走进信息社会。对一般人来说它们也许会有些陌生，但其实它已经融入了我们的生活，如计算机、电视机、手机、网站、取款机等，数不胜数，都离不开集成电路。除此之外，在航空航天、星际飞行、医疗卫生、交通运输、武器装备等许多领域，也离不开集成电路的应用。在信息时代，集成电路已成为各行各业实现信息化、智能化的基础，起着不可替代的作用，说它无孔不入并不过分。

作为信息产业的基础和战略制高点，集成电路技术与产业的发展，不仅可以带动消费类电子产品、计算机、通信以及相关产业的发展，而且将促使传统产业迸发出新的活力。集成电路对于提升国家信息化水平和增强信息安全起到关键作用，被誉为信息产业的"心脏"。

集成电路的发展经历了一个漫长的过程，从产生到成熟大致经历了电子管、晶体管、集成电路、超大规模集成电路4个阶段。自1959年集成电路发明以来，几乎每18个月集成电路上的晶体管数就能加倍，这一发展速度被称为摩尔定律。2011年一个CPU芯片上的晶体管数已多达20亿个，与1982年相比，CPU性能提高1万倍，内存价格下降4.5万倍，硬盘价格下降360万倍。

2000年，在集成电路问世42年后，人们终于了解到它给社会带来的巨大影响和推动作用，它的发明者基尔比被授予了诺贝尔物理学奖，诺贝尔评审委员会曾经这样评价基尔比："为现代信息技术奠定了基础。"

纳米技术的出现带领集成电路进入了高端时代。目前商用芯片的线宽最好水平国外是14nm，国内是28nm，还相差两代。线宽每缩窄0.7倍，集成电路代工线的投资要增加1.5倍，22nm或20nm生产线的投资就高达上百亿美元的规模，这既是技术密集型也是资金密集型的产业。随着半导体技术逐渐逼近硅工艺尺寸极限，集成电路进入"后摩尔时代"，期待在材料和工艺上有革命性的突破才能继续保持以往的发展速度。

目前中国科学院微电子研究所集成电路先导工艺研发中心首次采用后高K工艺成功研制出包含先进高K/金属栅模块的22nm栅长MOSFETs（半导体场效应管，是集成电路的重要组成部分），器件性能良好，达到国内领先、世界一流水平。

在全球半导体市场需求放缓以及国内经济下行压力增大的背景下，2013年中国集成电路产业保持较快增长，这主要得益于国内手机产量同比增长超过20%，电脑产量同步增长接近10%。此外，英特尔、三星等外资半导体厂商在中国的产量的增加也是推动集成电路产值增长的重要原因。

2.1.2.4　软件产品

软件伴随着计算机而发展。随着信息技术的发展，软件作为一种信息技术的主要载体无所不在，其需求越来越多，杂度越来越高，可用性要求越来越强。如何高效地开发和生产可靠、可信的软件，是软件领域一直面对的问题。

社会对软件的依赖程度随着计算机硬件价格降低、人力费用增加、应用复杂度增加而增加。软件的运行环境也从单机发展为网络，用户数量和复杂度剧增，应用领域越来越广。早期的阿波罗登月飞行器软件仅有4000行代码，现在波音飞机的飞行控制软件达到100万行代码，空中客车飞机机舱通信和飞行控制软件有500万行代码，雪佛兰、奔驰新车的软件规模也超过1000万行代码，Windows操作系统超过3000万行代码，智能手机的Android操作系统也有上百万行代码。为应对软件的复杂性和可信性，软件从面向对象设计发展到面向认证设计，以提高编程质量。随着计算机、通信、消费类电子产品的互相渗透，三网融合必然对软件产品的开发和软件服务模式的发展产生深刻而巨大的影响。网络服务正在改变软件服务的商业模式，系统软件与因特网、局域网的整合应用将解决传统的多平台服务模式的兼容性所带来的一系列老问题，网络服务正在成为软件服务业发展的巨大推动力，这一推动表现在技术革新、商务模式还有收入增长3方面。同时软件加速向开源化、网络化、服务化和语义化方向发展。

2.1.2.5 智能终端产品

随着3G时代的到来、4G的发展以及智能手机的流行、iPhone的成功、Android操作系统的崛起、APP store应用商店的出现等，我们深切感受到移动智能终端的丰富度，且逐渐在改变人们的生活方式，只需用指尖轻点各种支持Wi-Fi的移动终端设备如iPhone、iPad、iPod touch、数码相框、上网本及其他智能手机即可轻松管理和控制家居设备，进行远程视频监控；用户还可以根据喜好选择各种控制界面，更有不同桌面背景搭配装饰风格，让控制终端成为集合智能家居控制、娱乐、视频、装饰于一体的精品装备。目前基于这种时尚移动终端控制的个性化应用逐渐受到人们的关注与青睐。

2.1.3 发展前景

电子信息产品市场前景广阔，随着信息技术的不断转型升级，特别是数字化、网络化、平板化、融合化、服务化趋势越发明显，传统的产品面临着无法兼容新技术等问题，面临着被更新换代的命运，新产品将不断涌现，智能手机、平板电脑、网络设备、笔记本、半导体、软件以及网络服务等领域将持续较快发展。

随着全球信息化进程的不断推进，对全球电子信息产品市场带来明显的拉动效应。作为电子信息产品的制造大国，计算机、通信设备、电子元器件及家庭视听等产品只要迎合全球信息产业发展趋势，将迎来广阔的市场空间。

3.1 信息获取多元化

信息获取是整个信息周转过程的第一个基本环节，及时、准确、高效地获取信息已经成为当前世界各国综合国力竞争的一个重要方面。

3.1.1 发展现状

随着信息技术的不断进步，信息获取方法在不断变迁，已经改变了人类的生产生活方式。中国古代主要是通过人工传递信息，如通过烽火、信鸽、烟花、邮驿等。以人的感觉器官直接为主，信息大多没有经过整理、汇总。到了近代，人们主要通过信号弹、电报、信件、电话及报纸等媒介获取信息。而到了现代，随着计算机技术、通信技术和网络技术的迅猛发展，信息获取进入了一个全新的发展阶段，电话、传真、电视、电脑、网络、手机等已经完全融入了每个人的生活。

3.1.2 核心技术

信息的来源可以是人、机器、自然界的物体等，简称信源。信源发出信息的时候，一般以某种方式表现出来，可以是符号，如文字、语言等，也可以是信号，如图像、声响等。信息获取技术是指能够对各种信息进行测量、存储、感知和采集的技术，特别是直接获取重要信息的技术。目前，主要的信息获取技术是传感技术、遥测技术和遥感技术。

3.1.2.1 传感技术

传感技术与通信技术、计算机技术和微电子技术一起，构成信息产业的核心支柱。如果说计算机是大脑的延伸，那么传感器就是人类五官的延伸。传感技术是关于从自然信源获取信息，并对之进行处理（变换）和识别的一门多学科交叉的现代科学与工程技术，它涉及传感器（又称换能器）、信息处理和识别的规划设计、开发、制/建造、测试、应用及评价改进等活动。传感器是新技术革命和信息社会的重要技术基础，是现代科技的开路先锋。

中国传感器产业要适应技术潮流，向国内外两个市场相结合的国际化方向发展，让传感器和检测仪表抓住信息化的发展机遇。温度传感器是最早开发，应用最广的一类传感器。根据美国仪器学会的调查，1990年，温度传感器的市场份额大大超过了其他的传感器。从17世纪初伽利略发明温度计开始，人们开始利用温度进行测量。真正把温度变成电信号的传感器是1821年由德国物理学家赛贝发明的，这就是后来的热电偶传感器。50年以后，另一位德国人西门子发明了铂电阻温度计。在半导体技术的支持下，21世纪相继开发了半导体热电偶传感器、PN结温度传感器和集成温度传感器。与之相应，根据波与物质的相互作用规律，相继开发了声学温度传感器、红外传感器和微波传感器。

传感器在科学技术领域、工农业生产以及日常生活中发挥着越来越重要的作用。人类社会对传感器提出的越来越高的要求是传感器技术发展的强大动力。而现代科学技术的突飞猛进则为传感器技术的发展提供了坚强的后盾。随着科技的发展，传感器也在不断的更新发展。

1）开发新型传感器

新型传感器大致包括：①采用新原理；②填补传感器空白；③仿生传感器等诸方面。它们之间是互相联系的。传感器的工作机理是基于各种效应和定律，由此启发人们进一步探索具有新效应的敏感功能材料，并以此研制出具有新原理的新型物性型传感器件，这是发展高性能、多功能、低成本和小型化传感器的重要途径。结构型传感器发展得较早，目前日趋成熟。结构型传感器，一般说它的结构复杂，体积偏大，价格偏高。物性型传感器大致与之相反，具有不少诱人的优点，加之过去发展也不够。世界各国都在物性型传感器方面投入大量人力、物力加强研究，从而使它成为一个值得注意的发展动向。其中利用量子力学诸效应研制的低灵敏阈传感器，用来检测微弱的信号，是发展新动向之一。

2）集成化、多功能化、智能化传感器

集成化传感器包括两种定义，一是同一功能的多元件并列化，即将同一类型的单个传感元件用集成工艺在同一平面上排列起来，排成1维的为线性传感器，CCD图像传感器就属于这种情况。集成化的另一个定义是多功能一体化，即将传感器与放大、运算以及温度补偿等环节一体化，组装成一个器件。随着集成化技术的发展，各类混合集成和单片集成式压力传感器相继出现，有的已经成为商品。集成化压力传感器有压阻式、电容式等类型，其中压阻式集成化传感器发展快、应用广。所谓多功能化的典型实例，如美国某大学传感器研究发展中心研制的单片硅多维力传感器可以同时测量 3 个线速度、3 个离心加速度（角速度）和 3 个角加速度，主要元件是由 4 个正确设计安装在一个基板上的悬臂梁组成的单片硅结构，9 个正确布置在各个悬臂梁上的压阻敏感元件。多功能化不仅可以降低生产成本，减小体积，而且可以有效地提高传感器的稳定性、可靠性等性能指标。把多个功能不同的传感元件集成在一起，除可同时进行多种参数的测量外，还可对这些参数的测量结果进行综合处理和评价，可反映出被测系统的整体状态。由上还可以看出，集成化给固态传感器带来了许多新的机会，同时它也是多功能化的基础。

传感器与微处理机相结合，使之不仅具有检测功能，还具有信息处理、逻辑判断、自诊断以及"思维"等人工智能，就称之为传感器的智能化。借助于半导体集成化技术把传感器部分与信号预处理电路、输入输出接口、微处理器等制作在同一块芯片上，即成为大规模集成智能传感器。可以说智能传感器是传感器技术与大规模集成电路技术相结合的产物，它的实现将取决于传感技术与半导体集成化工艺水平的提高与发展。这类传感器具有多能、高性能、体积小、适宜大批量生产和使用方便等优点，可以肯定地说，是传感器重要的方向之一。

3）新材料开发

传感器材料是传感器技术的重要基础，是传感器技术升级的重要支撑。随着材料科学的进步，传感器技术日臻成熟，其种类越来越多，除了早期使用的半导体材料、陶瓷材料以外，光导纤维以及超导材料的开发，为传感器的发展提供了物质基础。例如，根据以硅为基体的许多半导体材料易于微型化、集成化、多功能化、智能化，以及半导体光热探测器具有灵敏度高、精度高、非接触性等特点，发展红外传感器、激光传感器、光纤传感器等现代传感器；在敏感材料中，陶瓷材料、有机材料发展很快，可采用不同的配方混合原料，在精密调配化学成分的基础上，经过高精度成型烧结，得到对某一种或某几种气体具有识别功能的敏感材料，用于制成新型气体传感器。此外，高分子有机敏感材料，是近几年人们极为关注的具有应用潜力的新型敏感材料，可制成热敏、光敏、气敏、湿敏、力敏、离子敏和生物敏等传感器。传感器技术的不断发展，也促进了更新型材料的开发，如纳米材料等。美国 NRC 公司已开发出纳米 ZrO_2 气体传感器，控制机动车辆尾气的排放，对净化环境效果很好，应用前景比较广阔。由于采用纳米材料制作的传感器，具有庞大的界面，能提供大量的气体通道，而且导通电阻很小，有利于传感器向微型化发展，随着科学技术的不断进步将有更多的新型材料诞生。

4）新工艺的采用

在发展新型传感器中，离不开新工艺的采用。新工艺的含义范围很广，这里主要指与发展新兴传感器联系特别密切的微细加工技术。该技术又称微机械加工技术，是近年来随着集成电路工艺发展起来的，它是离子束、电子束、分子束、激光束和化学刻蚀等用于微电子加工的技术，目前已越来越多地用于传感器领域，如溅射、蒸镀、等离子体刻蚀、化学气体淀积（CVD）、外延、扩散、腐蚀、光刻等，迄今已有大量关于采用上述工艺制成的传感器的国内外报道。

5）智能材料

智能材料是指设计和控制材料的物理、化学、机械、电学等参数，研制出生物体材料所具有的特性或者优于生物体材料性能的人造材料。有人认为，具有下述功能的材料可称之为智能材料：具备对环境的判断可自适应功能；具备自诊断功能；具备自修复功能；具备自增强功能。生物体材料的最突出特点是具有时基功能，因此这种传感器特性是微分型的，它对变分部分比较敏感。反之，长期处于某一环境并习惯了此环境，则灵敏度下降。一般说来，它能适应环境调节其灵敏度。除了生物体材料外，最引人注目的智能材料是形状记忆合金、形状记忆陶瓷和形状记忆聚合物。

智能材料的探索工作刚刚开始，相信不久的将来会有很大的发展。目前，科学家已经研制出许多应用现代感测技术的装置，不仅能替代人的感觉器官捕获各种信息，而且还能捕获人的感觉器官不能感知的信息。同时，通过现代感测技术捕获的信息常常是精确的数字化信息，便于计算机处理。

3.1.2.2　遥测技术

遥测技术是对被测量对象的参数进行远距离测量的一种技术。遥测技术起源于 19 世纪初叶，航空、航天遥测技术则分别开始于 20 世纪 30 年代和 40 年代。此后，遥测广泛用于飞机、火箭、导弹和航天器的试验，也极大地促进了遥测技术的发展。50～60 年代，随着通信理论、通信技术和半导体技术的发展，遥测技术在调制体制、传输距离、数据容量、测量精度以及设备小型化等方面都取得了很大的进展。60 年代以来，遥测技术发展的显著特点是：遥测设备的集成化、固态化、模块化和计算机化，出现了可编程序遥测和自适应遥测。遥测不仅为了获得数据，而且要为遥控目标物体提供实时数据，常和遥控结合在一起。遥测作为一门综合技术，随着电子技术的发展而迅速发展，应用十分广泛。

在宇宙探索中，遥测技术帮助了解太阳系遥远天体上的气温、大气构成和表面情况；投放在敌方的遥测仪器能传回许多情报；取得导弹和飞机的飞行数据；收集核试验情况也要靠遥测技术。在工业上遥测技术使许多庞大的系统高效安全运行，如电力、输油、输气系统、城市自来水、煤气和供暖系统等。在研究动物的生活习性中，遥测技术也是有力的手段，动物带上有传感器的发报机后，在实验室就可研究野外动物的动态。遥测技术也用在医学上，如测定宇航员和登山队员身体情况。医术高明的大夫利用遥测技术能为偏僻地区的病人服务。

3.1.2.3　遥感技术

遥感技术是 20 世纪 60 年代兴起的一种探测技术，是根据电磁波的理论，应用各种传感仪器对远距离目标所辐射和反射的电磁波信息，进行收集、处理，并最后成像，从而对地面各种景物进行探测和识别的一种综合技术。目前利用人造卫星每隔 18 天就可送回一套全球的图像资料。利用遥感技术，可以高速度、高质量地测绘地图。

任何物体都有不同的电磁波反射或辐射特征。航空航天遥感就是利用安装在飞行器上的遥感器感测地物目标的电磁辐射特征，并将特征记录下来，供识别和判断。把遥感器放在高空气球、飞机等航空器上进行遥感，称为航空遥感。把遥感器装在航天器上进行遥感，称为航天遥感。完成遥感任务的整套仪器设备称为遥感系统。航空和航天遥感能从不同高度、大范围、快速和多谱段地进行感测，获取大量信息。航天遥感还能周期性地得到实时地物信息。因此航空和航天遥感技术在国民经济和军事的很多方面获得广泛的应用。例如，应用于气象观测、资源考察、地图测绘和军事侦察等。

遥感技术是由遥感器、遥感平台、信息传输设备、接收装置以及图像处理设备等组成。遥感器装在遥感平台上，它是遥感系统的重要设备，它可以是照相机、多光谱扫描仪、微波辐射计或合成孔径雷达等。信息传输设备是飞行器和地面间传递信息的工具。图像处理设备（见遥感信息处理）对地面接收到的遥感图像信息进行处理（几何校正、滤波等）以获取反映地物性质和状态的信息。图像处理设备可分为模拟图像处理设备和数字图像处理设备两类，现代常用的是后一类。

1）遥感技术

遥感技术发展初期，1858 年用系留气球拍摄了法国巴黎的鸟瞰像片；1903 年飞机的发明；1909 年第一张航空像片；第一次世界大战期间（1914～1918 年）：形成独立的航空摄影测量学的学科体系；第二次世界大战期间（1931～1945 年）：彩色摄影、红外摄影、雷达技术、多光谱摄影、扫描技术以及运载工具和判读成图设备。

2）现代遥感

1957 年，苏联发射了人类第一颗人造地球卫星；20 世纪 60 年代，美国发射了 TIROS、ATS、ESSA 等气象卫星和载人宇宙飞船；1972 年，美国发射了地球资源技术卫星 ERTS-1（后改名为 Landsat Landsat-1），装有

MSS 感器，分辨率 79m；1982 年 Landsat-4 发射，装有 TM 传感器，分辨率提高到 30m；1986 年法国发射 SPOT-1，装有 PAN 和 XS 遥感器，分辨率提 10m；1999 年美国发射 IKNOS，空间分辨率提高到 1m。

3）遥感事业

20 世纪 50 年代组建专业飞行队伍，开展航摄和应用；1970 年 4 月 24 日，发射第一颗人造地球卫星；1975 年 11 月 26 日，返回式卫星，得到卫星像片；20 世纪 80 年代空前活跃，六五计划遥感列入国家重点科技攻关项目；1988 年 9 月 7 日中国发射第一颗"风云 1 号"气象卫星；1999 年 10 月 14 日中国成功发射资源卫星。

遥感技术具有探测范围大，获取资料的速度快、周期短，受地面条件限制少，方法多、获取的信息量大等优势特点，已广泛应用于农业、林业、地质、地理、海洋、水文、气象、测绘、环境保护和军事侦察等许多领域。

遥感技术的发展趋势。①进行地面、航空、航天多层次遥感，建立地球环境卫星观测网络。②传感器向电磁波谱全波段覆盖。③图像信息处理实现光学–电子计算机混合处理，引入其他技术理论方法，实现自动分类和模式识别。④实现遥感分析解译的定量化与精确化。⑤与 GIS 和 GPS 形成一体化的技术系统。

3.1.3 未来趋势

随着信息技术的飞速发展，中国出现了以网页、手机、博客、播客等载体的新媒体，在新媒体发展前景下人们获取信息的方式呈现多元化发展。报刊、广播、电视三大传统媒体遭遇着新兴媒体的一波又一波的冲击。随着互联网上信息量的爆炸式增长，越来越多的人通过网络获取信息，网络信息获取成为未来发展趋势。

信息获取技术也在不断更新发展，传感技术作为物联网发展的根基，面临前所未有的大好机遇。随着物联网、智慧城市、智能手机、汽车电子、医疗电子等产业的快速发展，对陀螺仪、加速度传感器、MEMS 麦克风等传感器件的需求不断增加，传感器产业进入快速发展阶段。物联网、智慧城市将是传感器最主要的应用市场之一，其应用将渗透于未来生活的各个层面。随着物联网、智慧城市等应用市场的快速发展，对传感器产品在低功耗、可靠性、稳定性、低成本、小型化、微型化、复合型、标准化等技术和经济指标方面提出了更高的要求。结合上述需求，传感器企业也在积极展开技术研发，以满足市场需求。相比于传统技术，传感器技术呈现出单一功能化特征，朝着智能化、集成化方向发展。此外，数字化、网络化、低成本、标准化也成为传感器产品发展的总体趋势。

4.1 信息传递高效化

4.1.1 发展现状

中国古代信息传递有邮驿传递、鸿雁传书、烽火告急等方式，外国有漂流瓶等传递方式。到了现代信息传递主要有电话、电报、网络通信等。主要的传递方式包括：①有线通信传输，如电话、传真、电报、电视等。②无线通信传输，如对讲机、BP 机（已淘汰）、移动电话、收音机。③数字通信传输，熟悉的有联网的电脑、数字电视等。

4.1.2 核心技术

信息传输技术的进展体现了现代信息技术的进步和跨越。传输技术是利用不同信道的传输能力构成一个完整的传输系统，是使信息得以可靠传输的技术。传输系统是通信系统的重要组成部分，传输技术主要依赖于具体信道的传输特性。

网络传输介质是信道的主要传输特征之一，是在网络中传输信息的载体，常用的传输介质分为有线传输介质和无线传输介质两大类。有线传输介质是指在两个通信设备之间实现的物理连接部分，它能将信号从一方传输到另一方，有线传输介质主要有双绞线、同轴电缆和光纤。双绞线和同轴电缆传输电信号，光纤传输光信号。无线传输介质指我们周围的自由空间，利用无线电波在自由空间的传播可以实现多种无线通信。在自由空间传输的电磁波根据频谱可分为无线电波、微波、红外线、激光等，信息被加载在电磁波上进行传输，它充分利用不同信道的传输能力，是使信息得到可靠传输的技术。

4.1.2.1 光纤

光纤的发明为通信作出历史性贡献。1966 年美籍华人高琨从理论上证明电力光纤的传输能力，20 世纪 70 年代后期光纤通信进入商用领域，实用传输能力几乎按照 10 年千倍的速度在提升。采用数字时分复用技术，光纤单波长商用可传送的最高速率目前为 100Gbps，在此基础上再利用波分复用技术，可同时传送 160 个波长，单纤的传输容量达到 16Tbps，等效为 2 亿条电话信道。光纤在干线网和接入网被广泛使用，百兆带宽到户在技术上已不是问题。目前，中国的光纤光缆产能和市场规模均占全球的一半，成本也迅速下降，单根裸纤每千米报价低到 53 元，有力地推动力宽带化的发展。

4.1.2.2 广播电视数字化

首先体现在基于光纤或同轴电缆上的有线电视，随后地面无线广播电视业开始数字化进程，目前发达国家基本完成了广播电视的模数转换。数字化后可以采用高效的压缩编码，原来传送一个模拟电视节目的频带现可传送至少 6 套标清数字电视节目，频谱利用率大大提升。电视传输技术的数字化以及双向化为三网融合创造了条件，内嵌操作系统智能电视的出现，提供了电视、电脑和手机之间的三屏互动便利。基于集成电路工艺制造的平板电视显示屏迅速取代原来的阴极射线管，实现了电视机的换代。

4.1.2.3 蜂窝通信

蜂窝通信的发明开启了无线技术应用到公众移动通信领域的时代。移动通信发展经历了 4 代，从第一代模拟手机（1G）只能进行语音通话，俗称大哥大；发展到第二代 GSM、CDMA 等数字式手机（2G）有了短信、WAP 上网等功能；再到 3G，全称为第三代移动通信，全球已经有 100 余个国家地区部署了 3G，3G 的数据传输速度有了大幅提升，能够处理图像、音乐、视频等多种媒体形式，提供包括网页浏览、电话会议、电子商务等多种信息服务；目前的 4G 与第一代模拟蜂窝移动通信相比，第四代移动通信系统采用了数字化技术，具有保密性强，频谱利用率高，能提供丰富的业务，具有标准化程度高等特点，使移动通信得到了空前的发展，从过去的补充地位跃居通信的主导地位。

移动通信从 20 世纪 80 年代的第一代移动通信到现在的 4G、5G，业务能力从语音到数据再到多媒体、从窄带到宽带、从慢速移动到高速移动，体制上从模拟到数字、从电路交换到 IP 交换，复用方式从频域到时域以及多种复用技术的结合。移动通信的发展历程几乎 10 年一代，峰值速率每 10 年提高近千倍，主要是利用了更宽的频带，同时频谱利用率也不断提高。值得提出的是，从 3G 开始，中国有自主知识产权的 TD-SCDMA 取得了与欧美主导的国际标准同等地位，它将时分复用技术与码分多址（CDMA）技术结合，还采用了与欧美主导的频分双工（FDD）（以频段来区分上下行）不同的模式，中国提出以时分双工（TDD）方式在同一频段但不同的时隙分开来与去两个方向的通信，适于互联网通常的上下行不对称的应用。4G 也分为 FDD 与 TDD 两大系列，由中国主导的 TD-LTE 成为 4G 两大国际标准之一。4G 峰值速率在高速运动状态达到 100Mbps，在低速移动状态可达 1Gbps。从 2016 年起国际电信联盟（ITU）开始启动第五代移动通信（5G）的标准研究，5G 目标是峰值速率在高速运动时为 10Gbps，低速运动时为 50Gbps，频谱效率较 4G 提高 10 倍，5G 将使移动互联网的用户上网更快、体验更好，拓展了移动通信在行业应用上的空间。

4.1.2.4　网络技术

网络技术又称计算机通信或数据通信，主要研究的是安全、可靠和高效地传递计算机或其他设备产生的数据信号。"数据信号"是相对于传统电信中的"话音信号"和传统广播电视中的"视频信号"而言。因为在网络技术诞生前，语音和视频都是模拟信号。数据信号多为计算机产生的数字化信号，并且呈现出与语音和视频信号诸多不同的传输特点。

1）网络的发明和应用标志着人类进入信息社会

1969 年发明的互联网在开始时仅仅是一个收发邮件的联系平台，自1990 年 WWW 发明后，互联网成为浏览和下载文件的平台，互联网也因其便利性而迅速普及，近年来 IP 电话、博客、微博等应用相继出现，互联网成为交互平台。2014 年全球互联网普及率达到 39%，其中中国为44%，发达国家为 70%。互联网的发展超越了设计的初衷，原来只考虑传固网非实时的数据，现在需要支持固网或移动终端的语音和视频，互联网的发展面临可扩展性、可管理性、移动性、泛在性和安全性等挑战。首先要解决互联网地址不足问题，美国平均每个网民有 5 个以上的 IPv4 地址，而中国平均每个网民仅有 0.5 个 IPv4 地址，现在 IPv4 地址已分配殆尽，转向地址数量足够多的 IPv6 地址是必然的选择。不过仅有 IPv6 还不能解决互联网的问题，不少国家都在开展以宽带、移动、泛在、安全为目标的下一代互联网的研究和试验，已经提出一些技术方案，可分为演进型与革命型两条路线，前者基于 IPv6 开展创新研究，后者希望在一张白纸上重新设计互联网。在中国下一代互联网示范工程（CNGI）项目支持下，中国建成了全球最大规模的 IPv6 网络，在下一代互联网的国际标准上开始有了话语权。

2）移动互联网的出现标志着互联网发展进入新阶段

移动智能终端个性化和随时随地的应用及多功能适应了现代社会的快节奏和利用碎片化时间的需要。目前面向移动智能终端开发的应用上百万种，移动互联网有桌面互联网所没有的应用类型。例如，基于个性化的社交类应用（如微博和微信）和移动支付、基于移动性的位置服务、适于移动性和小屏幕的智能人机接口和三屏互动等。中国有全球最多的移动互联网用户，按目前的增长速度，可以预期一两年后将超过桌面互联网的用户数，但最大的软肋是无论 PC、平板电脑和智能手机的操作系统均被国外一统天下。

4.1.3　未来趋势

从信息传输的进展可以看出，未来信息传输向着更快捷、更安全的方向发展。

对光纤通信而言，超高速度、超大容量和超长距离传输一直是人们追求的目标，而全光网络更是人们不懈追求的梦想。光通信技术作为信息技术的重要支撑平台，在未来信息社会中将起到重要作用。从现代通信的发展趋势来看，光纤通信也将成为未来通信发展的主流。人们期望的真正的全光网络的时代也会在不远的将来实现。

5.1　信息存储虚拟化

5.1.1　发展现状

存储、计算、网络是信息产业发展的三大基石，存储是信息系统的核心，是世界各国重点发展战略之一。作为数据的基础载体，关乎到国家关键核心部门的信息安全。由于中国信息存储技术相对薄弱，关键设备大多采用国外进口，一方面是因为国外的 IT 企业发展较早，技术上有优势；另一方面是因为国外厂商能提供完整的从产品到解决方案的服务，且产品质量有优势，再就是高端产品国内能成功研制的厂商很少。据 IDC 调查，在中高端市场，国外厂商占据了超过70%的市场份额，而中高端市场涉及政府、银行、邮政、海关、金融、民航、医疗等重要部门和行业，安全隐患可想而知。

信息的储存是信息系统的重要方面，如果没有信息储存，就不能充分利用已收集、加工所得信息，同时还要耗资、耗人、耗物来组织信息的重新收集、加工。有了信息储存，就可以保证随用随取，为单位信息的多功能利用创造条件，从而大大降低了费用。其优点在于存取速度极快，存储的数据量大。信息存储应当决定，什么信息存在什么介质比较合适。总的来说，凭证文件应采用纸介质存储；业务文件应采用纸或磁带存储；而主文件，如企业中企业结构、人事方面的档案材料、设备或材料的库存账目，应存于磁盘，以便联机检索和查询。

计算机存储系统结构存储系统从现代计算机的诞生之日起，就一直是计算机系统非常重要的组成部分。现代计算机的体系结构是基于冯·诺依曼提出的基于存储程序的概念。由于计算机CPU的速度远远高于现在的主存，为了让CPU"吃饱"，必须要组成一个存储系统，给CPU制造一个"幻觉"：存储设备足够快。计算机存储系统是指计算机中由存放程序和数据的各种存储设备、控制部件及管理信息调度的设备（硬件）和算法（软件）组成的一个系统。

5.1.2　核心技术

技术方面，存储产品的基础平台设计大都采用集成国外芯片，基础平台缺乏自主可控性，存储产品本身存在较大安全隐患。研制国产存储专用芯片，开发基于国产芯片的存储控制器，是实现国产存储系统的重要基础。国产芯片经过多年的技术积累，日趋成熟，在计算能力、磁盘访问、网络处理等方面已达到了国际主流处理器的同等水平。同时，对应的操作系统和基础支撑软件也日趋成熟。现在，浪潮积极与相应的单位进行联合，对全国产化的存储方案进行了初步的测试验证，初步解决了协议、IO通道、数据管理、数据校验等一系列的技术难题，为国产化存储产品的研发和产业化推广打下了良好的基础。

5.1.2.1　数据存储

数据存储器的发展经历了非常重要的发展阶段，存储越来越大，存储速度越来越快，性价比越来越高。

1）选数管

选数管是20世纪中期出现的电子存储装置，是数字计算机存储设备的一种早期形式。选数管的容量在256～4096bit，其中4096bit的选数管有10in长，3in宽，因为成本太高，并没有获得广泛使用。

2）穿孔卡

穿孔卡是早期计算机的信息输入设备，通常可以储存80列数据。它是一种很薄的纸片，面积为$190\times84mm^2$。首次使用穿孔卡技术的数据处理机器，是美国统计专家赫曼·霍列瑞斯（H. Hollerith）博士的伟大发明。1890年后，美国历次人口普查选用此项技术，获得了巨大的成功。穿孔卡片用于输入数据和程序，直到20世纪70年代中期仍有广泛应用。以历史的目光审视他们的发明，正是这种程序设计和数据处理，构成了电脑"软件"的雏形。

3）穿孔纸带

穿孔纸带是利用打孔技术在纸带上打上一系列有规律的孔点，以适应机器的读取和操作，加快工作速度，提升工作效率。是早期向计算机中输入信息的载体，输出同样也是在穿孔纸带上。穿孔纸带是早期计算机的输入和输出设备，它将程序和数据转换为二进制数码：带孔为1，无孔为0，经过光电扫描输入电脑。作为计算机周边设备而言，穿孔纸带较更早期的穿孔卡有很大进步。

4）磁带

磁带是从1951年起被作为数据存储设备使用的，当时被称为UNISERVO。最早的磁带机可以每秒传输7200个字符，这套磁带长达365m。从20世纪70年代后期到80年代出现了小型的盒式磁带，长度为

90 分钟的磁带每一面可以记录大约 660KB 的数据。目前磁带变为一种收藏，依旧在市场上活跃。

5）磁鼓存储器

磁鼓存储器最初于 1932 年在奥地利被创造出来，它利用电磁感应原理进行数字信息的记录（写入）与再生（读出），由作为信息载体的磁鼓筒、磁头、读写及译码电路和控制电路等主要部分组成。在 20 世纪五六十年代被广泛使用，通常作为内存，容量大约 10KB。

6）软盘

软盘由 IBM 在 1971 年引入，从 20 世纪 70 年代中期到 90 年代末期被广泛使用，最初为 8in 盘，之后为 5.25in 和 3.5in 盘。1971 年最早的软盘容量为 79.9KB，并是只读的，一年后有了可读写的版本。

7）硬盘

硬盘驱动器（hard-disk drive）简称硬盘，是一种主要的电脑存储媒介，由一个或者多个铝制或者玻璃制的碟片组成。第一款硬盘驱动器是 IBM Model 350 Disk File，于 1956 年制造，其中包含了 50 张 24in 盘片，而总容量不到 5MB。首个容量突破 1GB 的硬盘是 IBM 在 1980 年制造的 IBM3380，总容量为 2.25GB，重约 250kg。

8）光盘

早先的光盘只用于电影行业，第一款光盘于 1987 年进入市场，直径为 30cm，每一面可以记录 60 分钟的视频或音频。如今，光盘技术已经突飞猛进。存储密度不断提高，已经出现了 CD-ROM、DVD、D9、D18、蓝光技术。

9）Flash 芯片和卡式存储

随着集成电路技术的飞速发展，20 世纪后半期固态硅芯片出现，其代表有专用数字电路芯片、通用数字 CPU 芯片、RAM 芯片、Flash 芯片等。其中 Flash 芯片就是用于永久存储数据的芯片。可以将 Flash 芯片用 USB 接口接入主机总线网络，这种集成 USB 接口的小型存储便携设备就是 U 盘，或者称闪存。目前一块小小的 Flash 芯片最多可以存储 32GB 甚至更高的数据。存储卡其实是另一种形式的 Flash 芯片集成产品。

10）磁盘阵列

随着人类进入21世纪，信息爆炸更是导致数据成倍地增长。于是，硬盘的容量也不断"爆炸"，SATA硬盘目前已经可以在一个盘体内实现1TB的容量。同时硬盘的单碟容量也在不断地增加，320GB容量单碟已经实现。然而，单块磁盘目前所能提供的存储容量和速度已经远远无法满足需求，磁盘阵列应运而生。磁盘阵列是由很多价格较便宜的磁盘，组合成一个容量巨大的磁盘组，利用个别磁盘提供数据所产生加乘效果提升整个磁盘系统效能。

5.1.2.2 网络存储

随着磁盘阵列技术的发展和IT系统需求的不断升级，大型网络化磁盘阵列出现了网络存储即网络附着存储（network attached storage，NAS），将存储设备通过标准的网络拓扑结构（如以太网）连接到一群计算机上，它的重点在于帮助解决迅速增加的存储容量需求。

存储区域网络（storage area network，SAN）通过光纤通道连接到一群计算机上。在该网络中提供了多台主机连接，但并非通过标准的网络拓扑。SAN专注于企业级存储的特有问题，主要用于存储量大的工作环境。当前企业存储方案所遇到问题的两个根源是：数据与应用系统紧密结合所产生的结构性限制，以及目前小型计算机系统接口（SCSI）标准的限制。大多数分析认为SAN是未来企业级的存储方案，这是因为SAN便于集成，能改善数据可用性及网络性能，而且还可以减轻存储管理作业。

IP虚拟服务器（IPVS）网络存储为最近兴起的基于互联网IP地址访问的存储方式。简单工作原理如下：IPVS网络视频存储设备经过互联网对终端设备IP地址的访问，从而进行终端设备视频及其他多种信息的存储。IPVS网络视频存储采用磁盘阵列（redundant arrays of inexpensive disks，RAID）的方式进行数据存储保护，在传统NAS存储系统的基础上提供了更加可靠的数据保护，同时增强了设备的访问灵活性。IPVS网络存储侧重于存储数据的安全保护，同时提供非常方便的扩容策略。

Web 存储和 DOM 存储（document object）模型是网络应用软件的方法和用于存储数据的协议。网络存储支持持久性数据存储，类似于 cookies，以及 window- local 存储。网络存储是被标准化了的万维网联盟（W3C）。它最初是 ATML5 规范的一部分，但现在成为一个单独的规范。截至 2010 年 7 月 14 日只有 Opera 支持存储事件。

SAN 是目前人们公认的最具有发展潜力的存储技术方案，而未来 SAN 的发展趋势将是开放、智能与集成。NAS 是目前增长最快的一种存储技术，然而就二者的发展趋势而言，在应用层面上 SAN 和 NAS 将实现充分的融合。可以说，NAS 和 SAN 技术已经成为当今数据备份的主流技术，关键在于如何在此基础上开发完善全方位、多层次的数据备份系统，在分布式网络环境下，通过专业的数据存储管理软件，结合相应的硬件和存储设备，对全网络的数据备份进行集中管理，从而实现自动化的备份、文件归档、数据分级存储以及灾难恢复等功能。

网络存储的应用从网络信息技术诞生的那天就已经开始，应用的领域随着信息技术的发展而不断增加，但大的分类包括以下 4 类。

ISP（internet service provider），即互联网服务提供商。目前国内主要的 ISP 商家有中国电信、中国网通、中国联通、中国铁通、中国教育与科研网、长城宽带。

ICP（internet content provider），即 Internet 内容提供商，提供 Internet 信息搜索、整理加工等服务，如新浪、搜狐等。

ASP（application service provider），即网络应用服务商，主要为企、事业单位进行信息化建设、开展电子商务提供各种基于 Internet 的应用服务。

NSP（network storage provider），即网络存储服务商，主要为企业、个人提供网络存储、传输、处理等服务，如 DBank 数据银行、IDC 企业。

5.1.2.3 虚拟存储

所谓虚拟存储就是把多个存储介质模块（如硬盘、磁盘阵列等）通过一定的手段集中管理起来，所有的存储模块在一个存储池中统一管理，从主机和工作站的角度，看到的不是多个硬盘，而是一个分区或者卷，好像是一个超大容量的硬盘。这种可以将多个、多种存储设备统一管理起来，为使用者提供大容量、高数据传输性能的存储系统，就称之为虚拟存储。

其实广义上来说，就是通过映射或抽象的方式屏蔽物理设备复杂性，增加一个管理层面，激活一种资源并使之更易于透明控制。它可以有效地简化基础设施管理，增加 IT 资源的利用率和能力，如服务器、网络或存储。

存储虚拟化是一种贯穿整个 IT 环境、用于简化本来可能会相对复杂的底层基础架构的技术。存储虚拟化的思想是将资源的逻辑映像与物理存储分开，从而为系统和管理员提供一幅简化、无缝的资源虚拟视图。

对于用户来说，虚拟化的存储资源就像是一个巨大的"存储池"，用户不会看到具体的磁盘、磁带，也不必关心自己的数据经过哪一条路径通往哪一个具体的存储设备。

从管理的角度来看，虚拟存储池是采取集中化的管理，并根据具体的需求把存储资源动态地分配给各个应用。特别指出的是，利用虚拟化技术，可以用磁盘阵列模拟磁带库，为应用提供速度像磁盘一样快、容量却像磁带库一样大的存储资源，这就是当今应用越来越广泛的虚拟磁带库（virtual tape library，VTL），在当今企业存储系统中扮演着越来越重要的角色。

通过将一个（或多个）目标（target）服务或功能与其他附加的功能集成，统一提供有用的全面功能服务。典型的虚拟化包括如下一些情况：屏蔽系统的复杂性，增加或集成新的功能，仿真、整合或分解现有的服务功能等。虚拟化是作用在一个或者多个实体上的，而这些实体则是用来提供存储资源及服务。

如果存储作为池子，存储空间如同一个流动的池子的水，可以任意地根据需要进行分配。将存储资源虚拟成一个"存储池"，这样做的好处是把许多零散的存储资源整合起来，从而提高整体利用率，同时降低系统管理成本。与存储虚拟化配套的资源分配功能具有资源分割和分配能力，可以依据"服务水平协议"（service level agreement）的要求对整合起来的存储池进行划分，以最高的效率、最低的成本来满足各类不同应用在性能和容量等方面的需求。特别是虚拟磁带库，对于提升备份、恢复和归档等应用服务水平起到了非常显著的作用，极大地节省了企业的时间和金钱。

除了时间和成本方面的好处，存储虚拟化还可以提升存储环境的整体性能和可用性水平，这主要是得益于"在单一的控制界面动态地管理和分配存储资源"。

在当今的企业运行环境中，数据的增长速度非常快，而企业管理数据能力的提高速度总是远远落后。通过虚拟化，许多既消耗时间又多次重复的工作，如备份/恢复、数据归档和存储资源分配等，可以通过自动化的方式来进行，大大减少了人工作业。因此，通过将数据管理工作纳入单一的自动化管理体系，存储虚拟化可以显著地缩短数据增长速度与企业数据管理能力之间的差距。

只有网络级的虚拟化，才是真正意义上的存储虚拟化。它能将存储网络上的各种品牌的存储子系统整合成一个或多个可以集中管理的存储池（存储池可跨多个存储子系统），并在存储池中按需要建立一个或多个不同大小的虚卷，并将这些虚卷按一定的读写授权分配给存储网络上的各种应用服务器。这样就达到了充分利用存储容量、集中管理存储、降低存储成本的目的。

虽然存储虚拟化技术最终不一定对所有不同数据类型和系统都合适，但是存储虚拟化是大势所趋，企业需要做的和考虑的就是采用存储虚拟化策略来解决特定问题，从而提高企业存储系统的效率。

5.1.3 未来趋势

目前存储产品的基础平台设计大都采用集成国外芯片，基础平台缺乏自主可控性，存储产品本身存在较大安全隐患。研制国产存储专用芯片，开发基于国产芯片的存储控制器，是实现国产存储系统的重要基础。国产芯片经过多年的技术积累，日趋成熟，在计算能力、磁盘访问、网络处理等方面已达到了国际主流处理器的同等水平。同时，对应的操作系统和基础支撑软件也日趋成熟。现在，浪潮积极与相应的单位进行联合，对全国产化的存储方案进行了初步的测试验证，初步解决了协议、IO 通道、数据管理、数据校验等一系列的技术难题，为国产化存储产品的研发和产业化推广打下良好的基础。

数据是未来的存储趋势。随着互联网、云计算、移动终端和物联网的迅猛发展，全球数据量以每两年翻倍的速度增长，2010 年已经正式进入 ZB 时代，到 2020 年全球数据总量将达到 44ZB。除了数据量增长，企业同样面临设备数量、应用数量、交易量等方面成倍增长的局面，未来企业所面对的挑战仍具有很多的不确定性，大数据、云计算、移动化、社交化正在深入地影响企业 IT 的变化趋势。

大数据的 3 个最明显的特征在于：数据量的快速增长、数据类型的快速增加，以及分析速度的快速提升。面对这些变化，企业在选择适用于大数据的信息基础架构时，首要考虑的因素就是信息基础架构对于大量数据存储的承载能力，以及在大数据量下保证计算分析时效性。基于这些要求，选择大容量、高扩展性、高性能、多业务承载能力的基础架构设备来承载大数据下的应用至关重要。IDC 中国市场数据显示，2013 年有 60% 的大数据相关投资用在了基础架构上。没有高效率的基础架构，大数据应用很难真正实现。

云计算是近年来互联网讨论最为热烈的技术，被认为是继微型计算机、互联网后的第三次 IT 革命，是互联网发展的大势所趋。今天云计算能快速发展，是需求驱动、技术进步和商业模式转变共同促进的结果。当企业的 IT 系统逐步向云转型，开放、共享就成了重中之重，随着虚拟化技术的不断发展，服务器之间的差异陆续被屏蔽，计算能力可以按不同业务要求灵活分配，而网络层也实现标准化，组网成本显著降低；当计算层与网络层资源完成按需供给后，存储层的问题凸显出来。容量、性能、资源的按需供给成为存储实现云化的关键。全球著名咨询公司 IDC 的研究表明，2014 年云存储的容量将超过 7EB，其中图片、媒体、文件等大数据应用将成为增长最快的在云端部署的应用。企业如果要把业务部署到云端，就需要云端能够提供专业的存储服务，并支持本地和云端数据流动，同时实现灾备和业务迁移。面向未来云架构设计的存储系统，应当具备让数据在私有云资源池和公有云之间有序、高效地流动的特性。

随着宽带无线接入技术和移动终端技术的飞速发展，人们迫切希望能够随时随地乃至在移动过程中都能方便地从互联网获取信息和服务，移动互联网应运而生并迅猛发展。迄今为止，全球移动互联网用户总数已经超过 10 亿。24 小时在线体验，带来的是数据井喷式增长，这对存储的承载能力和扩展能力提出了挑战。在这个用户体验至上的时代，能否快速、准确地将数据信息上传或下载到用户手中，也成了衡量一个存储设备是否可以在移动互联网趋势下走得更远的重要考核指标。

目前我们的生活已被各种各样的社交媒体软件包围，人们在 Facebook 和谷歌上分享最热门的图片，在微博和 Twitter 上推送各种新奇好玩的想法，在微信上发表当下的心情状态。社交媒体对个人而言，是一项"服务"，一项用以跟老朋友互通有无，保持联系，拉近距离的网络服务；是一项拓展关系网，结交志同道合的朋友的"服务"，这些服务带领我们进入了数字化的"泛社交时代"。从另一个角度来看，"社交媒体"也可以是一种媒体，因为在这个网络平台上，无数的信息被网络中的节点（人）过滤并传播，有价值的消息会被迅速传遍全球。这种流淌在指尖上的数据随着人们的传播，逐渐汇聚成了数据的洪流，冲刷着传统的 IT 系统。丰富多样的数据类型、零散的碎片式数据、实时发布及获取信息的机制，对 IT 系统再一次提出了挑战。首先，社交媒体的 IT 基础架构平台必须拥有弹性的扩展能力，以满足不断变化的使用模式；其次，作为海量数据的载体，存储系统需要实现数据多制式的融合，结构化与非结构化数据和谐共存，信息的存入与读取理应同样高效；最后，用户能否自由的徜徉在指尖带来的欢愉体验中，存储的性能也是一个重要的衡量标准。

大数据、云计算、移动化、社交化所引领的四大趋势，驱动着 IT 市场的变革，在这样一个数据至上的时代，作为数据持久化的载体，存储系统除了要具备安全可靠这一基本特质之外，简单、弹性、高效也将成为未来存储系统必备的特质。

6.1　信息应用拓展化

6.1.1　发展现状

信息应用就是信息化过程，是充分利用信息技术，开发利用信息资源，促进信息交流和知识共享，提高经济增长质量，推动经济社会发展转型的历史进程。2013 年以来，中国信息化发展态势良好。国家政策强力推进信息化，信息化和工业化两化融合促进结构优化升级成效显现，智慧城市开启区域信息化新阶段，移动互联网创新应用和商业化进程加速，电子政务更加注重集中管理和集成应用，信息消费在扩大内需中作用凸显。全球信息化正在引发当今世界的深刻变革，重塑世界政治、经济、社会、文化和军事发展的新格局。加快信息化发展，已经成为世界各国的共同选择。

信息化在企业转型升级、国家创新体系建设以及国际竞争中具有关键作用。信息化水平不仅成为企业核心能力的重要表现形式，而且是国家综合实力和发展战略的重要依托。随着中国经济的高速增长，中国信息化有了显著的发展和进步，缩小了与发达国家的距离。改革开放以来，中国信息化发展可以大致划分为 3 个基本阶段，即"探索—模仿"、"融合—接轨"和"凝练—创新"。特别需要指出的是，由于中国地区和城乡差异显著，不同行业和组织在信息化发展中存在多模式共存、多阶段交叉的现象和特点。这就要求中国在信息化进程中必须把握好现实可行性与发展前瞻性的关系。中国信息化已走过两个阶段正向第三阶段迈进。第三阶段定位为新兴社会生产力，主要以物联网和云计算为代表，这两项技术掀起了计算机、通信、信息内容的监测与控制的"4C"革命，网络功能开始为社会各行业和社会生活提供全面应用。政务信息化、医疗信息化、物流信息化、电力信息化、金融信息化、酒店信息化等都取得了显著的进展。信息化对人们的工作、生活、学习和文化传播方式产生了深刻影响，促进了国民素质的提高和人的全面发展。在行业快速发展的同时，仍存在突出的问题。在社会信息化、政务信息化与信息安全建设领域仍有不同程度的不足。相信随着中国政策的支持和产业问题的解决，中国信息化将进一步向着纵深方向发展。

6.1.2 核心应用

随着信息技术的普及及其全球信息化趋势的加强，人类已经进入了全球信息化时代。信息化是指培养、发展以计算机为主的智能化工具为代表的新生产力，并使之造福于社会的历史过程。它一般必须具备信息获取、信息传递、信息处理、信息再生、信息利用的功能。信息化改变着人们的生产方式、工作方式、学习方式、交往方式、生活方式、思维方式等，正在使人类社会发生极其深刻的变化。

6.1.2.1 物联网

物联网（internet of things，IOT）的词汇最早出现在20世纪80年代，认为每个物体均应有标志以便于管理，到90年代认为可将物体联网，即"物物相连的互联网"。这包含两层意思：第一，物联网的核心和基础仍然是互联网，是在互联网基础上的延伸和扩展的网络；第二，其用户延伸和扩展到了任何物品与物品之间，进行信息交换和通信。严格而言，物联网是通过射频识别（RFID）、红外感应器、全球定位系统、激光扫描器等信息传感设备，按约定的协议，把任何物品与互联网连接起来，进行信息交换和通信，以实现智能化识别、定位、跟踪、监控和管理的一种网络。物联网实现了物理空间与数字空间的无缝连接。

近几年进一步挖掘物联网的价值是感知环境并支持分析决策。物联网的体系由3层组成，感知层利用感知单元（射频标签RFID、条码和传感器）获取物体或人或环境的信息，网络层利用通信网络汇集这些信息，应用层进行信息处理和数据挖掘，提供智能决策。例如，利用通信网将遍布城市马路上的交通视频摄像头的信息汇集到交通监控中心。物联网通常架构在互联网上作为面向特定任务所组织的专用网络（VPN）而出现，但互联网是全球性的而物联网是行业性和区域性的，与其说物联网是网络不如说是互联网应用的拓展。

6.1.2.2　智慧城市

智慧城市的概念随着物联网的应用而出现。智慧城市是一个有机结合的大系统，涵盖了更透彻的感知、更全面的互联、更深入的智能。物联网是智慧城市中非常重要的元素，它支撑着整个智慧城市系统。从技术发展的视角，智慧城市建设要求通过以移动技术为代表的物联网、云计算等新一代信息技术应用实现全面感知、泛在互联、普适计算与融合应用。从社会发展的视角，智慧城市还要求通过维基、社交网络、Fab Lab、Living Lab、综合集成法等工具和方法的应用，实现以用户创新、开放创新、大众创新、协同创新为特征的知识社会环境下的可持续创新，强调通过价值创造，以人为本实现经济、社会、环境的全面可持续发展。无线城市、数字城市、宽带城市、感知城市是智慧城市的必要条件；智能制造、智能农业、智能电网、智能交通、智能建筑、智能安防、智慧物流、智慧环保、智慧医疗等是智慧城市的重要体现；创新城市、绿色城市、宜居城市、平安城市、健康城市、幸福城市、人文城市等是智慧城市应有之意。以智能交通为例，北京每天使用公交一卡通出行的刷卡超过4000万人次，地铁1000万人次，收集和分析这些数据可了解客流去向，据此可优化公交路线的设计。利用马路上的埋地线圈和路口的摄像头，甚至利用驾车人和乘车人的手机位置信息，可以判断车流量和实际通行速度，及时疏导交通的拥堵。需要指出的是，信息基础设施等技术仅仅是手段，城市各主管部门的协调和管理体制的改革及市民参与才是智慧城市的根本。中国的物联网和智慧城市的热度堪称全球之冠，但不少地方重感知轻分析、重建设轻管理，核心产品自主可控的比例不高。

6.1.2.3 大数据

"大数据"这个术语最早期的引用可追溯到 apache org 的开源项目 Nutch。当时，大数据被描述为更新网络搜索索引需要同时进行批量处理或分析的大量数据集。随着谷歌 MapReduce 和谷歌 File System（GFS）的发布，大数据不再仅用来描述大量的数据，还涵盖了处理数据的速度。

早在 1980 年，著名未来学家阿尔文·托夫勒便在《第三次浪潮》一书中，将大数据热情地赞颂为"第三次浪潮的华彩乐章"。不过，大约从 2009 年开始，"大数据"才成为互联网信息技术行业的流行词汇。美国互联网数据中心指出，互联网上的数据每年将增长 50%，每两年便将翻一番，而目前世界上 90% 以上的数据是最近几年才产生的。此外，数据又并非单纯指人们在互联网上发布的信息，全世界的工业设备、汽车、电表上有无数的数码传感器，随时测量和传递有关位置、运动、震动、温度、湿度乃至空气中化学物质的变化，也产生了海量的数据信息。"大数据"在物理学、生物学、环境生态学等领域以及军事、金融、通信等行业存在已有时日，却因为近年来互联网和信息行业的发展而引起人们关注。

全球新产生的数据年增 40%，全球信息总量每两年就可以翻番。2011 年全球新产生的数据量达到 1.8ZB，如果用一个内存为 32GB 的 iPod 来存的话，需要 575 亿个 iPod，足够砌起两座中国的长城，由此可见大数据时代正在到来！

大数据具有量大、增长快、多样性和价值密度低但隐含价值高的特点。大数据的处理涉及获取、过滤、存储、计算、挖掘和可视化呈现等多个环节，需要关联聚类和语义分析，目前对非结构化的数据（如照片和视频）的挖掘难度还很大。大数据可应用到各行各业，IBM 日本公司建立经济指标预测系统，从互联网新闻中搜索影响制造业的 480 项经济数据，计算出采购经理人指数 PMI 预测值。淘宝网通过采集分析网上成交额比重高的热门商品的价格走势，实时给出淘宝 CPI。GE 公司通过监视其生产的喷气引擎运行状态，提前一个月预测维护需求，准确率达到 70%。硅谷有个气候公司将几十年的天气数据和土壤状况及历年农作物产量做成精密图表，预测任一农场的第二年产量，向农户出售个性化保险。阿里公司根据在淘宝网上中小企业的交易状况筛选出财务健康和诚信的企业，无需担保便可从网上申请贷款，平均利率 6.7%，实现单日利息 100 万元，目前已放贷上千亿元，单笔微贷成本和坏账率分别为大型商业银行的0.1% 和 30%。在医疗保健领域，"谷歌流感趋势"项目依据网民搜索内容分析全美流感等病疫传播状况，与美国疾控中心提供的报告对比，精确率达到 97% 而且提前给出预测。每到长假前两三周，不少人会在网上查询旅游景点、交通工具或自驾游路线，百度根据搜索引擎上的热点词汇，在长假前就能预测哪个景点或交通路线会拥堵。大数据在社会管理和军事领域等也有重要的应用。麦肯锡公司 2011 年发布的报告指出，数据就是一种生产资料，大数据是下一个创新、竞争、生产力提高的前沿，并推测如果把大数据用于美国的医疗保健则一年的潜在价值是 3000 亿美元，用于欧洲的公共管理可获得年度潜在价值 2500 亿欧元，零售商可增加 60%的运营利润，制造业可减少 50% 的装配成本。世界经济论坛的报告认定大数据为新财富，价值堪比石油。在大数据处理体系和非结构数据挖掘技术方面美国和德国布局较早，中国差距很大。

大数据是云计算、物联网之后 IT 行业又一大颠覆性的技术革命。云计算主要为数据资产提供了保管、访问的场所和渠道，而数据才是真正有价值的资产。企业内部的经营交易信息、互联网世界中的商品物流信息，互联网世界中的人与人交互信息、位置信息等，其数量将远远超越现有企业 IT 架构和基础设施的承载能力，实时性要求也将大大超越现有的计算能力。如何盘活这些数据资产，使其为国家治理、企业决策乃至个人生活服务，是大数据的核心议题，也是云计算内在的灵魂和必然的升级方向。

6.1.2.4 云计算和云服务

云计算是从数据库、互联网数据中心（IDC）演变而来，是分布式计算、并行计算、效用计算、网络存储、虚拟化、负载均衡、热备份冗余等传统计算机和网络技术发展融合的产物。"云"是网络、互联网的一种比喻说法，过去在图中往往用云来表示电信网，后来也用它来表示互联网和底层基础设施的抽象。用户通过电脑、笔记本、手机等方式接入数据中心，按自己的需求进行运算。

云计算主要经历了 4 个阶段才发展到现在这样比较成熟的水平，这 4 个阶段依次是电厂模式、效用计算、网格计算和云计算。

电厂模式阶段：电厂模式是利用电厂的规模效应来降低电力的价格，并让用户使用起来更方便，且无需维护和购买任何发电设备。

效用计算阶段：1960 年前后，计算设备的价格非常高昂，远非普通企业、学校和机构所能承受，所以很多人产生了共享计算资源的想法。1961 年，人工智能之父麦肯锡在一次会议上提出了"效用计算"的概念，其核心借鉴了电厂模式，具体目标是整合分散在各地的服务器、存储系统以及应用程序来共享给多个用户，让用户能够像把灯泡插入灯座一样来使用计算机资源，并且根据其所使用的量来付费。但由于当时整个 IT 产业还处于发展初期，很多强大的技术还未诞生，如互联网等，所以虽然这个想法一直为人称道，但是总体而言是"叫好不叫座"。

网格计算阶段：网格计算研究如何把一个需要巨大计算能力才能解决的问题分成若干个小的部分，然后把这些部分分配给许多低性能的计算机来处理，最后把这些计算结果综合起来攻克大问题。可惜的是，由于网格计算在商业模式、技术和安全性方面的不足，使其并没有在工程界和商业界取得预期的成功。

云计算阶段：云计算的核心与效用计算和网格计算类似，也是希望 IT 技术能像使用电力那样方便，并且成本低廉。但与效用计算和网格计算不同的是，现在云计算在需求方面已经有了一定的规模，同时在技术方面也已经基本成熟。

可以认为云计算包括以下 3 个层次的服务：基础设施即服务（IaaS），平台即服务（PaaS）和软件即服务（SaaS）。底层（设施层）出租信息存储设备作为服务，包括存储器、服务器等，支持虚拟共享和动态配置，提供信息化设备外包和托管服务。中间层（平台层）以平台作为服务，有数据库、中间件、各种应用的网络开发环境和工具，租用者利用该平台可以开发自己所需的软件。软件作为服务对于自身没有开发软件能力的客户，需要直接使用云计算的上层（软件层），该层配有可用于企业管理的各种软件（产品生命管理 PLM、供应链管理 SCM、企业资源规划 ERP、客户关系管理 CRM 和财务管理以及产品开发等软件），提供软件的按需租用。公用云这种第三方多租户按需弹性共享的概念大大节省企业信息化投资和维护及能耗成本，大企业集团也可建设私有云供下属各部门共享信息化资源。政府部门也将大量使用云计算，2011 年美国政府宣布了"云优先"政策，美国政府信息技术采购预算的 1/4 将用在云计算上。中国一些地方热衷于建设云计算中心，但大多停留在 IaaS 阶段，很少提供 PaaS 和 SaaS，即便有其软件也基本依赖于外国公司。

6.1.2.5　信息化与工业化深度融合

党的十七大提出"大力推进信息化与工业化融合，促进工业由大变强"战略部署，党的十八大又提出了工业化和信息化两化深度融合的新目标，其具体是指信息化与工业化在更大的范围、更细的行业、更广的领域、更高的层次、更深的应用、更多的智能方面实现彼此交融。目前，在军工、装备、船舶、汽车、机械、电子科技等众多行业企业的信息化单项应用已经比较成熟，正逐步由单项向集成过渡。信息技术在制造业生产研发设计、生产制造、经营管理等领域的深化应用、渗透和融合，不仅催生了新型的工业产品，还形成了大规模定制、产品全生命周期管理、异地协同研制等新型业务模式。

信息化与工业化融合发展包括技术融合、产品融合、业务融合、产业衍生 4 个层次。技术融合是指工业技术与信息技术的融合，产生新的技术，推动技术创新。例如，机械技术和电子技术融合产生的机械电子技术，工业和计算机控制技术融合产生的工业控制技术。产品融合是指信息技术或产品融合到工业产品中，增加产品的信息技术含量。例如，普通机床加上数控系统之后就变成了数控机床，传统家电采用了智能化技术之后就变成了智能家电（如智能冰箱、变频空调等）；普通飞机模型增加控制芯片之后就成了遥控飞机，增加汽车电子设备可以提高汽车档次。业务融合是指信息技术应用到企业生产、经营、管理的各个环节，促进业务创新和管理创新。例如，企业资源规划、客户关系管理、供应链管理等管理软件的应用，极大地提高了企业管理效率和管理水平；通过网上订购系统，可以直接在网上下订单；电子商务为市场营销提供了新的途径，产品信息可以在网上发布并达成交易。产业衍生是指信息化与工业化融合可以催生出的新产业，如汽车电子产业、工业软件产业、工业创意产业、企业信息化咨询业等。

英国《经济学家》杂志主笔保罗·麦基里 2012 年 6 月在《第三次工业革命》一书中提出，一种建立在互联网和新材料、新能源相结合的第三次工业革命即将到来，它以制造业数字化为核心，并将使全球技术要素和市场要素配置方式发生革命性变化。美国国防分析研究所 2012 年 3 月在"先进制造的新兴全球趋势"报告中指出：未来 20 年最有潜力从根本上改变制造业的四大领域是半导体制造、先进材料和集成计算材料工程、添加制造技术（如 3D 打印）和生物制造（重点是合成生物领域）。首先材料的开发方法因信息技术而有革命性变化。2011 年美国总统奥巴马宣布了"材料基因组计划"，利用材料设计数据库等，建立材料成分—原子排列—相—显微组织—材料性能—环境参数—使用寿命等之间的关系，把材料研发从传统经验式的"炒菜"提升到科学设计，其目标是把发现、开发、生产和应用先进材料的速度提高一倍，复兴美国制造业和保持全球竞争力。3D 打印是在计算机上将拟制造的工件虚拟化切片，通过一个像打印机的设备，把可融接的材料按虚拟切片模型逐层叠加而成，相对于通过切削等将大块原料加工为产品的传统制造（也称为"减法制造"），3D 打印是"增材制造"，具有节能和环境友好的特点，将缩短新产品开发时间，适应样机开发、个性化生产和特殊加工的需要。合成生物学借助信息技术设计出以 DNA 编写的语言，通过将标准化处理的 DNA 片段组合，能够制成具有生命及繁殖力的活细胞，从而改造和优化现有自然生物，或者合成具有预定功能的全新人工生物体，合成生物学可用在现代化学品生产、医药、农业、污染物检测与降解等方面。

6.1.2.6 信息消费

信息消费是一种直接或间接以信息产品和信息服务为消费对象的经济活动。从全球信息产业发展来看，信息消费涵盖生产消费、生活消费、管理消费等领域，覆盖信息服务，如语音通信、互联网数据及接入服务、信息内容和应用服务、软件等多种服务形态；覆盖手机、平板电脑、智能电视等多种信息产品；还包括基于信息平台的电子商务、云服务等间接拉动消费的新型信息服务模式。信息消费是一个宏观的概念，涉及经济生活的方方面面。例如，购买一部智能手机，从打电话、上网所产生的通信费到下载安装各种APP，在阅读、看视频、使用团购业务等操作行为所产生的花销都是信息消费的一环。在扩大居民消费需求方面，"信息消费"这一新型消费领域的拓展，将给信息产业带来新的增长点。

2013年，中国信息消费整体规模达到2.2万亿元，同比增长超过28%。其中，信息产品消费规模达到1.2万亿元，同比增长超过35%，智能终端成为信息产品消费的热点；信息服务消费规模超过1万亿元，同比增长超过20%，移动数据及互联网业务等非话业务成为主要增长动力。

随着4G网络的不断普及，将掀起信息消费新浪潮。为迎合4G信息消费大潮，苹果、三星等国际品牌以及国内的HTC、中兴、华为、联想、金立、步步高等手机厂商，纷纷推出适用于4G网络的智能手机。价格定位上，更倾向于中低价位。2015年，湖南移动公司，推出了300多款涵盖高中低各档价位的4G手机，可满足不同客户群体需求。

根据规划，信息消费规模将快速增长。到2015年，信息消费规模超过3.2万亿元，年均增长20%以上，带动相关行业新增产出超过1.2万亿元，其中基于互联网的新型信息消费规模达到2.4万亿元，年均增长30%以上。基于电子商务、云计算等信息平台的消费快速增长，电子商务交易额超过18万亿元，网络零售交易额突破3万亿元，信息消费或改变中国

IT 服务业格局。

6.1.3 发展趋势

当今时代，信息化快速推进，给人类生产生活方式带来深刻变革，人类社会正从工业社会迈入信息社会。展望信息化发展的未来，信息技术应用将在若干领域呈现主流现象和趋势，并给中国信息化进程乃至现代化建设带来机遇和挑战。

物联网和智慧城市建设是信息化在公共基础设施和服务系统领域的主要战线。基于传感技术的物物互联和基于互联网的人人互联以及它们的集成应用，将使社区、交通、医疗、教育、消费、物流等服务平台和城市现代化具有更高水平。云计算平台建设与大数据分析是信息化在信息服务、信息资源虚拟配置和动态优化领域以及大数据分析领域的主要战线。面向公共云、局域云和私有云的云数据平台建设以及面向海量数据的深度信息分析技术，将使企业和区域拥有更多可获资源和数据服务，进而提升其信息利用和决策能力。新兴电子商务应用是信息化在贸易、流通和零售等领域的主要战线，涉及电子商务各参与者（买方、卖方、平台服务提供方等）。基于移动性、虚拟性、个性化、社会性、复杂数据等新特征的电子商务应用，将在客户行为与体验、产品营销和推荐、商务安全、平台建设和服务品质、物流配送等方面产生一系列创新，并将在移动商务和社会化商务方面有更大发展。企业信息化的新拓展涉及深度和广度两个维度。在深度上，将沿着事务处理、分析处理和商务智能的轨迹提升，以逐步回答管理决策者在经营运作中提出的"发生了什么"、"为什么会发生"、"将发生什么"的问题。在广度上，一方面，拓宽企业内部业务信息化的领域，并进行必要的集成；另一方面，向企业外延展信息化的触角，以支撑与客户和供应商的业务活动。特别需要重视企业外数据的分析与处理，如用户生成的数据（评论、口碑等）、社交网络和媒体的反馈等，以开发应用相关的商誉、企业舆情、开源数据分析技术。探索绿色信息化路径是科学发展的内在要求。信息化作为现代经济社会发展的动力，在替代落后生产方式、支撑企业转型升级、促进技术创新的同时，也在消耗能源、产生代谢。在信息化过程中，除了相关设备和技术的采用、制造和应用应该注意绿色环保之外，在信息化项目规划中也应该注意进行综合环境和能耗评估，使信息化与工业化、城镇化、农业现代化同步融合推进、科学发展。

7.1　产业变革全球化

信息技术的换代和信息深度应用显现出重塑产业生态链的影响力，引发企业战略调整和转型，信息产业变革表现出比过去更大程度的融合和渗透。要按照习近平总书记所指出的，敏锐把握世界科技创新发展趋势，紧紧抓住和用好新一轮科技革命和产业变革的机遇。

7.1.1　技术换代

7.1.1.1　技术创新改变产业格局

信息产业的形成与发展，与信息技术的更新换代紧密相连。信息技术发展很快，颠覆性技术的出现对已有传统或主流技术途径产生颠覆性效果，引领产品换代和产业跨越式发展。柯达公司1975年在全球最早掌握数码相机技术，但为保护其胶卷市场而束之高阁，日本富士公司与东芝公司合作1988年将数码相机投放市场，但同年中国政府注资8亿元给乐凯扩大胶卷生产，2002年乐凯的胶卷收入仅占其总收入不到2%，而柯达则资不抵债面临破产。1994年中国在大连与松下公司合资组建华录公司生产录音机和录像机，但很快就被VCD/DVD取代。2004年液晶彩屏已问世，安彩集团仍收购美国康宁公司彩管生产线，没等开工彩管的市场已开始萎缩，2004年TCL公司收购法国汤姆森公司彩管电视机生产线，导致连续两年亏损。苹果公司的智能手机对诺基亚公司功能手机也是一次成功的颠覆。2013 年 5 月，麦肯锡全球研究所发布了 "2025 年前可能改变生活、企业与全球经济的 12 项颠覆性技术"，其中就有移动互联网、知识型工作自动化、物联网、云技术、先进机器人和车联网等。

7.1.1.2 信息经济成为新常态下新亮点

面对经济发展的新常态，如何抓住新一轮科技革命、产业变革和转型升级相交汇的历史机遇，是区域经济发展的重大课题。树立互联网思维、推广信息技术应用、培育发展信息经济，作为新常态下撬动政府转型、产业转型和企业转型的新动力、新途径、新领域、新亮点。

以互联网为例，作为一个新兴的产业部门，2010 年全球互联网经济已经达到 2.3 万亿美元，占 G20 国家 GDP 的 4.1%，超过意大利和巴西 GDP 之和。在英国，互联网经济对 GDP 的贡献已经超过建设和教育领域。在美国，互联网经济对 GDP 的贡献则超过了联邦政府。在韩国，互联网产业位居前六大行业板块之列。而在中国，互联网经济的增速为 GDP 增速的 5 倍，远高于进口贸易、汽车产业以及建筑业等。

与工业时代的基础设施，如电力、铁路、邮政网络一样，新时期由宽带、IDC、云计算等构成的信息基础设施，要解决的是经济运行中最核心的动力和运输问题。这也是时代经济发展的先行资本，是一切经济与社会活动的载体。新信息基础设施的安装，以及 IT 部门自身生产率的提高，使产品与服务的价格持续下降，刺激了经济各产业部门的 IT 投资，实现了 IT 资本深化，完成了新技术、新要素的扩散。由于信息成本不断下降，减少了交易成本，进而也催生了新的专业化分工。各个产业部门出现的大规模改造和重组，也因信息数据要素自身即时性技术特征，形成了高度分工的实施协同网络，全面提高生产效率。

信息技术创造了 "结构红利"。在信息技术进步驱动产业依次向互联网迁移的过程中，产业结构由信息密集型发挥出作用，促进了社会生产率水平的提高，由此带来的 "结构红利" 维持了经济持续增长。在互联网经济深刻影响下，一个巨型市场逐步浮现。数据显示，2013 年中国仅电子商务应用规模就超过 10 万亿元，其中企业之间的电子商务交易额超过了 8 万亿元，中小企业在线销售和采购的比例均接近 30%。以上这些仅仅还只是开始，信息技术正全面渗透到人类活动的各个领域，对包括中国在内的世界各国经济、社会文化生活产生复杂而深刻的影响。由此而发生的技术变迁、经济结构变化将会促进经济增长，推动加速转型。

7.1.2　网络颠覆

7.1.2.1　商业模式的颠覆性创新

商业模式上的颠覆性创新同样值得重视。互联网内容提供商将内容、应用平台和门户等整合，终端厂商通过操作系统捆绑客户端软件来掌控客户，抢占产业链的主体位置，电信运营商沦为管道，业内称为 OTT（over the top），即借用足球的过顶传球术语比喻运营商的利润被分流，运营商原有的经营模式受到冲击，不得不让利与互联网公司合作。电子商务挑战实体的零售卖场业务。2013 年 2 月苏宁电器正式更名为苏宁云商，迈出了从名称到战略实现、从线下到线上扩展的转型步伐。按苏宁的解释，云商是未来中国的零售模式，即"店商+电商+零售服务商"。阿里巴巴公司基于电子商务积累的信用记录，以阿里贷和余额宝在网上办理小微信贷，值得传统金融业反思。当前正处在信息技术变革的大规模应用前夕，需要把握好技术换代和商业模式创新的机遇。

7.1.2.2　新媒体的颠覆创新

新媒体是新的技术支撑体系下出现的媒体形态，如数字杂志、数字报纸、数字广播、手机短信、网络、桌面视窗、数字电视、数字电影、触摸媒体等。相对于报纸、广播、电视、杂志四大传统意义上的媒体，新媒体被形象地称为"第五媒体"。20 世纪 90 年代以来，从电子信箱、BBS、个人主页、即时通信工具、手机短信到博客、播客、维客、论坛社区、社交网站、手机彩信等基于新的信息网络技术的原生媒体形态层出不穷，这些新的传媒形态在传播主体、传播内容、传播方式、传播影响等诸多方面和传统媒体有着本质的区别。

随着互联网的迅猛发展，新媒体正以其日趋移动化、网络化、即时性、社会性、融合性等特点实现着对传统媒体的颠覆和创新。就像苹果重新定义了手机，亚马逊重新定义了书店，淘宝重新定义了商店一样，新媒体的出现重新定义了人们获取信息的方式，同时也颠覆了媒体组织内容生产的方式。在2014世界互联网大会上，人民日报副总编马利发表演讲时提到有一项调查表明，有8成用户是在社交网站分享用户，有7成是在移动端上读新闻，由此可见，电脑也已经成了传统媒体。新媒体极大地超越了传统媒体的形态、传播方式和社会角色。当前，有几类主要新媒体形态的发展值得关注。

1）新闻网站是绝对的网络主流媒体

随着新媒体建设不断加强，传媒资源优势得到进一步发挥，运用新媒体技术和传播方式的能力持续提升，新闻传播实力进一步提高，引导网络舆论的能力不断增强，在重大事件的新闻传播中发挥着无可替代的主流媒体作用。近年来，新闻网站的功能日益完善，除了新闻宣传功能外，还包括网络参政议政、网络舆论监督、网络舆论引导等，新闻网站的社会化媒体属性愈发凸显。新闻网站近年来推出博客、播客、电子杂志、电子报、电子书籍、新闻聚合、网络社区、SNS应用、手机报、手机电视、微博、掘客等多种新媒体传播方式，收到较好的传播效果。

2）网络论坛、社区是网络舆论重地

网络论坛、社区功能日益丰富，但跟帖和发主帖仍是网络论坛、社区用户的最主要行为，论坛、社区用户通过跟帖和发主帖生产传播内容，影响网络舆论。2009年以来被热议的"网络打手"、"网络水军"、"删帖公司"等现象，都充分显示出网络论坛、社区舆论引导将日趋复杂，这也大大增加了网络论坛的舆论引导难度。趋于理性成熟的博客和日趋火爆的微博，博客在Web2.0大潮中继续发展。中国互联网络信息中心2014年1

月16日发布的第33次《中国互联网络发展状况统计报告》（以下简称《报告》）显示，截至2013年12月，中国网民规模达6.18亿，互联网普及率为45.8%。其中，手机网民规模达5亿，手机网民规模的持续增长成为2013年中国互联网发展的一大亮点。中国手机端在线收看或下载视频的用户数为2.47亿，与2012年年底相比增长了1.12亿，增长率高达83.8%，在手机类应用用户规模增长幅度统计中排名第一。用户上网设备向手机端转移、使用基础环境的改善和上网成本的下降是手机端高流量应用使用率激增的主要原因。博客用户规模持续攀高，活跃博客的规模进一步扩大。博客作者表达的积极性大大加强，参与公共事务讨论的比例大幅增加，中国很多地方官员包括省部级官员也建立了博客，掀起官员以博客形式参与的网络问政之风，博客发展正逐步趋于理性成熟。专业化和社交化将是今后一个时期内博客的发展方向。在美国"Twitter"等网站的影响下，中国诸多门户网站推出"微博客"服务，中央重点新闻网站如人民网亦尝试开通微博以及社交网站等新媒体形态。

3）社交网络是新生热点

2013年社交网站、论坛等互联网应用的使用率比2012年有所下降。类似即时通信等以社交元素为基础的平台应用则发展稳定：2013年，整体即时通信用户规模在移动端的推动下提升至5.32亿，较2012年年底增长6440万人，使用率达86.2%。与传统及时通信工具、社交网站相比，以社交为基础的综合平台不仅拥有更强的通信功能，还增加了信息分享等社交类应用，并为用户提供了诸如支付、金融等内容的综合服务，最大限度地增加了用户黏性，保证了用户规模的持续增长。与之相比，2013年中国网络游戏用户增长速度明显放缓。《中国互联网络发展状况统计报告》显示，网民使用率从2012年的59.5%降至54.7%。网络游戏用户规模为3.38亿，增长数量仅为234万人。与网络游戏市场整体增长乏力的现状形成鲜明对比的是，手机网络游戏用户的增长十分迅速：截至2013年12月，中国手机网络游戏用户数为2.15亿，较2012年底增长了7594万人，年增长率达到54.5%。传统的PC端网络游戏增长乏力，面临手机网络游戏高速增长的挑战。功能强大的"潜传播"——网络即时通信在中国有十几年的发展史，是用户覆盖广泛、使用频繁的互联网基础应用之一。当前，中国网络即时通信用户规模已超过 3 亿，使用率为 72.4%，在网络即时通信的应用率方面高于美国等西方国家，在某种意义上来说，即时通信是一种具有中国特色的网络媒介形态。中国网络即时通信不仅商业价值巨大，而且是世界互联网巨头的必争之地，其强大的传播功能和庞大的用户群也催生了新的社会组织和动员方式，对中国社会产生着重要影响。

4）手机报和手机电视已经成为全球关注的新媒体热点

截至 2014 年 6 月，中国网民手机上网使用率达 83.4%，首次超越传统 PC 整体使用率。随着手机电子商务、移动支付、休闲娱乐等应用的快速增长，移动互联网推动整体互联网各类应用发展，给市民带来丰富的智慧式生活体验。

7.1.3 业务融合

7.1.3.1 通信与计算的融合

小型平板电脑与智能手机尺寸相近，功能也相差无几，通信与计算的融合大大增强了智能终端的功能，成为用户的个人事务助理和移动互联网入口及大数据的重要源头。

7.1.3.2 通信与控制的融合

移动智能终端可嵌入射频标签和各种传感器，能读取条码和定位及实现小额支付等一卡通功能，成为随身携带的物联网节点，用户通过对周边环境的感知获得更好的体验。

7.1.3.3 广电与即时通信互动

具有操作系统的智能电视和智能机顶盒的出现，推进了电信网、广播电视网、互联网三网融合发展速度。一些视频网站还将视频娱乐节目与即时通信结合起来，例如，搜狐视频获得《中国好声音》独家网络直播权，用户在收看的同时可通过微博和微信点评。广电与即时通信的互动使视频网站从电视节目的重播平台升级为与新媒体的融合平台。

7.1.3.4 通信与媒体的混搭

微博用户可以关注别人或被关注，微博既有通信业务特点也有传媒特征。微信具有深度绑定手机通讯录的特性，不仅可提供点到点通信，还可一点到多点通信，不仅可实时也可异步（如电话留言），可以半私密也可以作为公众账号，微信呈现出广播媒体平台的属性。

7.1.4 资源整合

7.1.4.1 终端与服务的捆绑

苹果公司的取胜不仅是靠新颖的手机设计，更重要的是抓住了移动互联网的机遇，以移动应用商店的平台控制了移动应用入口，将终端与服务捆绑，实现了从通信到应用整个产业链的垂直整合。昔日的手机霸主诺基亚在智能手机的换代上反应迟钝，向移动互联网转型行动不力，最终不得不出售手机业务。中国腾讯、百度和阿里巴巴等互联网企业虽然也定制手机，但是他们并不指望从手机硬件获利，其真实目的是用手机锁定互联网门户网站，抢占移动互联网入口，通过内容黏住用户，后续再通过业务应用和流量从广告中获利。

7.1.4.2 软件与硬件互补

苹果公司以终端来放大其操作系统价值，软硬件结合使制造与服务两手都要强成为信息产业的转型方向。苹果公司是以终端来影响服务，谷歌等公司则从服务扩展到终端，谷歌近年明显进行战略调整，进军移动通信和社交网络及大数据服务，开发平板电脑和可穿戴式智能终端硬件产品。微软公司作为全球最大的软件公司不甘于只在软件领域耕耘，它通过收购以进入网络电话、视频会议和社交服务领域，并推出平板电脑，以72亿美元收购诺基亚手机业务，成为智能终端生产商。德国的SAP公司通过兼并实现了从企业管理软件公司变身为云计算、大数据分析和移动互联网企业，目前SAP的市值占德国首位，超过了西门子和大众汽车。

7.1.4.3 制造业向生产性服务业转型

20世纪90年代初期，IBM公司的硬件占其销售收入近70%，IBM随后出售PC和打印机等产品线，近年用近百亿美元收购云计算与管理软件公司，推出大数据分析平台，现在IBM生产性服务业收入已占70%，成功实现转型。惠普、戴尔公司的PC走下坡路，不得不在战略上做出重大调整，分别向大数据解决方案和软件中心服务提供商转型。爱立信退出与索尼合资从而放弃手机市场，将重点转移到软件与服务方面，这两类业务的营收比重已分别超过了50%和38%，爱立信已成为全球第五大软件公司。陕鼓动力集团在其出厂的机组中加装运行监测传感器并联网，为215家企业的1224台机组提供在线监测及故障诊断服务，服务收入占公司收入的1/3，实现了从制造向服务的延伸。

8.1 顶层设计全局化

8.1.1 产业特点

互联网信息产业与传统产业相比是属于知识、技术与信息密集型产业，在其形成与发展过程中有着许多新的特点。

1）信息产业是动态、竞争性产业

信息产业的形成与发展与信息技术的更新换代紧密相连。目前，世界信息产业已进入一个加速发展的新时期，以科研、开发为主导的特点日益突出，信息技术的更新速度是每 3 年提高一倍，信息技术专利每年新增超过 30 万件，科研资料的有效寿命平均只有 5 年，设计自动化、生产自动化和柔性加工系统的广泛采用，大大缩短了信息制造产品从研制到批量生产的时间。现代通信业和软件业以高出 GDP 增长率 3 倍多的速度递增，服务质量与服务功能逐年增强。同时，全球范围内与区域行业间的竞争也逐渐增强，是其他产业无法比拟的。

2）信息产业是创新性产业

创新是信息产业发展的灵魂和核心，包括技术、知识、资本、信息等生产要素的创新，也包括经营机制、经营模式、管理体制和政策法规等生产关系的创新。通过创新，促进技术人员与管理人员的有效整合，产学研的有效整合，资本与市场的有效整合，构建好适应快速化、国际化和条约化要求的技术开发与市场开发良好融合的市场体系以及有利于人才真正发挥作用的良好环境，通过创新来保证资源得到最优配置，从而提高国家的竞争力和企业的竞争力。

3）互联网信息产业是开放性全球化产业

随着经济与贸易壁垒的消除，特别是信息技术的变革，各国经济的外贸依存度加大，跨国公司对区域经济发挥越来越大的作用，尤其对于信息产业来说更为明显。据统计，2000 年世界经济出口 21 万亿美元，是 1998 年 4 万亿美元的 5 倍多，其中信息产品的出口占据 40% 多，在发达国家比例还更高一些。另外，发达国家对发展中国家的投资逐步转向信息技术产业和信息服务业，促进了全球范围内产业结构的提升。

4）互联网信息产业是知识型产业

无论是产品的研制、生产还是传播、消费，都体现着知识的密集性、知识人员的重要性，体现着"以人为本"的产业精神。在信息技术领域，其核心产业就业人数达 38 万人，若再加上其他产业的程序员和网络技术人员就达到910万人，是汽车、船舶等一些传统制造业人数的近6倍。正是由于这些信息从业人员的积极作用，才造就了微软、英特尔等世界性的大企业，推动着美国信息业和经济获得超前发展。

5）互联网信息产业是具有前瞻性战略产业

信息产业与传统的第一产业、第二产业及第三产业有较高的关联度，信息技术的渗透作用促使传统产业的生产效率与产业效益大大提高。经计算，信息技术对经济的贡献率高达40%多，发达国家信息产业占国民生产总值已高达60%多，且呈递增趋势，已成为发达国家支柱产业和光导产业，也将逐步成为发展中国家的支柱产业。另外，信息产业的发展有助于传统产业进行产业结构的调整，符合市场经济发展要求，迎合世界范围内经济发展结构调整的需要。还有，信息产业是一种环保产业，无污染、无公害，符合现代产业发展趋势，符合现代人对健康的高要求需要。

同时，互联网信息产业也是不成熟的产业。由于信息产业的形成与发展只有几十年的时间，人们对信息产业的认识还十分肤浅，还没有对其发展机制、发展过程以及发展规律等方面有深入的了解，因而我们对其在发展历程中所碰到的一些问题难于作出较好的回答，如信息产业的经济周期等，所以对于我们较好地把握现代经济发展方向有一定困难。前几年由于信息技术变革和信息产业快速发展使美国经济出现了高速增长，正当全世界都在为美国新经济喝彩时，美国经济却突然出现了衰退，使人们又开始怀疑信息技术与信息产业的作用力和影响力，无法对此类问题作出较为有力的解释，这都因为信息产业毕竟不是传统产业，人们还没较好地掌握它的发展规律所致。

8.1.2　系统分析

从系统角度来看，信息产业受国内外环境、经济、政治、文化等诸多因素影响，是一个开放的复杂巨系统。要想实现信息产业赶超发达国家水平，必须通过顶层设计，对现有信息产业发展进行整体提升。信息产业系统提升结构，如附图3-2所示。从系统角度，信息产业的材料、产品、信息获取、传递、存储、应用等关键环节并不孤立，只有将其整体考虑，才能形成整体合力，发挥每个环节所不能实现的整体效能。如何组织、关联、整合这些环节变得尤为重要。从信息产业系统整体来看，需要考虑其所处的国内外环节及需求、系统原动力、系统时空格局及系统优化等因素，对系统进行全面剖析。

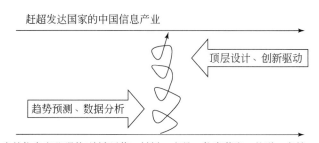

附图3-2　信息产业系统提升结构图

8.1.2.1　系统环境

从国际环境来看，电子信息产业因其具有技术含量高、附加值高、污染少等特点，近年来持续高速发展，充分发挥出对国民经济各部门和社会进步的引领带动作用，已成为许多国家尤其是发达国家的支柱性产业之一，占发达国家 GDP 的比重高达 25%。同时，信息产业提供的产品和服务为其他行业的技术创新、产品创新、商业模式创新提供了有力的支撑。世界各国高度重视信息产业的发展，利用政策、税收、基金、政府采购等多种形式支持本国信息产业的发展。

全球产业布局处于进一步调整之中，世界电子信息产业在全球范围内的资源配置和布局调整进一步深化。在全球信息产业的竞争格局中，美国、日本、欧洲、韩国等处于第一梯队，在核心技术、中高端产品、品牌上占据优势地位。尤其是美国的软件和集成电路行业长期占据产业的顶端；操作系统、数据库、开发工具等核心软件在全球市场上的占有率高达 80%；通用处理器、高端网络芯片、高端模拟芯片和可编程逻辑芯片、半导体加工设备等集成电路产品和设备在全球市场居于领先地位。欧洲有一批实力雄厚的大企业，西门子、飞利浦、诺基亚、爱立信、意法半导体在工业控制、家电、医疗、通信、半导体行业的排名位居前列。日本在家电、通信、计算机、平板显示器、半导体等行业均有比较完整的产业配套体系，尤以材料工业见长。韩国组建了以三星、LG 为核心的大企业财团，半导体、平板显示器、通信产品等具有很强的竞争力，产品线之间可形成互补和支撑。

近年来，亚洲和其他新兴经济体的市场份额保持持续增长，美国、日本、西欧等发达经济体的市场份额逐步微弱下调。以中国、印度、巴西、东欧等发展中国家和地区为代表的新兴市场，其信息技术产业规模不断扩张，在世界电子信息产业中的地位不断提升。

从国家层面来看，美国、中国、日本仍然占据世界电子产品市场的主导地位。在市场规模上，美国、日本两国所占的比重继续小幅下降，中国所占份额持续提升，总体上前三位仍保持美国、中国、日本的排名。包括印度、巴西、俄罗斯、韩国以及一些东欧国家在内的新兴市场国家和地区的电子产品市场发展良好并将逐步提升。另外，新兴市场国家将进一步向电子信息产业价值链的高端环节升级。

从国内环境来看，电子信息产业作为中国国民经济战略性、基础性和先导性支柱产业，对其他产业有着非常重要的支撑和拉动作用。正是看到了电子信息产业在拉动国民经济发展中起到的不可忽视的作用，中国政府纷纷出台系列政策，为电子信息产业的企业提供保障、树立信心。面对错综复杂的国内外政治经济形势，中国信息产业各级主管部门认真贯彻党中央、国务院"稳中求进"的经济工作总基调，坚持统筹稳增长、调结构与促改革之间的关系，加大政策预调微调力度，积极培育信息消费等热点领域，产业内骨干企业加快转变发展方式，不断优化产品与市场结构，全面深化转型升级，使得产业整体运行呈现平稳态势，生产保持较快增长，效益规模稳步提升，结构调整不断加快，为提高社会信息化发展水平和促进两化深度融合发挥了积极作用，在国民经济中的重要性持续提高。

面对如此复杂的国内外环境，只能通过顶层谋划适应环境，以谋求更好、更快发展。

8.1.2.2 系统结构

信息产业具有整体性、层次性、有序性、稳定性、可变性、相对性、动态开放性和复杂性的特点。其结构划分多种多样，不同的结构划分决定着不同的系统性能和生存发展，因此，合理划分信息产业系统结构非常重要。本节综合集成信息产业软硬件组成，从整体对其进行划分，由材料、产品到信息获取、传递、存储及应用，最后到产业变革趋势及创新驱动战略，各个环节相互关联和影响，每一环节都是系统正常、高效运转的必要环节。为了保持系统的有效性，需要对每个环节进行评价分析。

材料是信息产业发展的基础，支撑着现代通信、计算机、信息网络技术、微机械智能系统、工业自动化和家电等现代高新技术产业。电子材料主要包括单晶硅为代表的半导体微电子材料；激光晶体为代表的光电子材料；介质陶瓷和热敏陶瓷为代表的电子陶瓷材料；钕铁硼（NdFeB）永磁材料为代表的磁性材料；光纤通信材料；磁存储和光盘存储为主的数据存储材料；压电晶体与薄膜材料；储氢材料和锂离子嵌入材料为代表的绿色电池材料等。电子信息材料产业的发展规模和技术水平，已经成为衡量一个国家经济发展、科技进步和国防实力的重要标志，在国民经济中具有重要战略地位，是科技创新和国际竞争最为激烈的材料领域。

产品随着电子信息材料的发展不断更新换代，是信息技术发展的产物，体现着信息技术的不断创新。计算机行业产品包括电子计算机整机、计算机网络设备业、电子计算机外部设备、电子计算机配套产品及耗材、电子计算机应用产品；通信设备包括通信传输设备、通信交换设备、通信终端设备、移动通信设备、通信设备修理及其他通信设备；电子类产品包括电子元件及组件、电子印制电路板、敏感元件及传感器/真空电子器件、光电子器件及其他电子器件、半导体分立器件、集成电路、微特电机、电子电线电路、光纤/光缆、电池/家用电子电器、医疗电子设备及器械等。

信息获取的准确性、真实性、完整性、及时性和高效性非常关键。现代信息获取方法和手段多种多样。从获取设备分类包括传感、遥测及遥感获取所需信息。获取信息的途径包括网络、电视、广播、报纸等媒体，将所获信息进行有效传递是实现信息为我所用的最佳途径。

信息传递在当今信息时代显得尤为重要，准确、可靠、安全、高效地转移信息是信息传递技术一直追寻的目标。信息传递包括单向传递和双向传递。目前主要的信息传递方式包括光纤传递、广播传递、网络、移动通信等。

信息存储是信息产业发展的基石之一，是所获取和传递的有效信息的归宿地，为信息应用提供支撑。目前常用的信息存储方式包括数据存储、网络存储以及虚拟存储。目前进入市场的虚拟化存储基础架构产品较少，但已经有明显的证据表明这些新型的虚拟化专用存储将引领重大变革，归因于在虚拟化环境中存储成本被大大降低。

信息应用也就是信息化过程，是充分利用信息技术，开发利用信息资源，促进信息交流和知识共享，提高经济增长质量，推动经济社会发展转型的历史进程。目前中国信息化建设全面推进，正朝着物联网、大数据、云计算、信息消费等方向不断拓展。全球信息化正在引发当今世界的深刻变革，重塑世界政治、经济、社会、文化和军事发展的新格局。加快信息化发展，已经成为世界各国的共同选择。

8.1.2.3 系统动力

强劲的动力将推动我国信息产业快速发展。信息产业发展的内在动力是信息需求与供应之间的矛盾。用户对商品的需要呈现多样性、动态性等特性，对于信息的要求呈现准确性、真实性、及时性、宽广性等特点，信息产业只有不断发展才能满足人们对信息的需求和运用。

信息产业发展的外在动力是国内外复杂的政治、经济环境。特别是当前信息安全带给我国的严峻挑战。国家网络安全与信息领导小组的成立以及创新驱动发展战略正是当前信息产业发展的强劲动力。因此需要对我国信息产业进行合理定位，以创新驱动为契机，激发创新活力，加快信息产业发展和转型。

8.1.2.4 时空格局

我国电子信息产业已经形成了明显的集群效应，总体上呈现出"多点开花"的区域发展格局。先后出现了环渤海地区、长三角地区、珠三角地区、西部地区、中部地区等电子信息产业集群区域，其中环渤海地区逐步形成了北京、辽宁和山东的软件产业集群，天津的移动通信产业集群，胶东半岛的家电产业集群。长三角地区已经形成了以 IC 设计与制造、通信设备制造为主的电子信息产业集群。珠三角地区形成了以软件、通信、电脑资讯设备制造等电子信息产业集群。西部地区形成了军工电子、通信设备、光通信和软件为主的产业集群。中部地区则形成了以平板显示、通信设备、光电子等为主的电子信息产业集群。

受劳动力、土地等各种要素资源价格不断上涨以及优惠政策减少等因素的影响，近年来东部地区电子信息产品制造业利润空间大幅下降，企业经营日益艰难。而中西部地区抓住西部大开发及中部崛起的战略机遇，主动承接东部地区电子信息产业转移，形成了一批规模较大的电子信息制造业基地。据统计，2013 年我国规模以上电子信息制造业中，中部地区和西部地区分别实现销售产值 10 208 亿和 7659 亿元，同比增长 28.0% 和 28.9%，增速高于平均水平 17.0 个百分点和 17.9 个百分点，而同期东部地区增速仅为 7.6%；中西部地区销售产值比重达到 19.0%，比上年提高 2.5 个百分点。

电子信息产业向国外"双转移"趋势进一步显现。在复杂的国际经济环境、中国劳动力成本大幅上涨以及超长供应链带来的挑战等因素的影响下，越来越多的美国企业正在考虑将原先位于海外的生产基地搬回美国本土。根据 2012 年 8 月美国麻省理工学院的一项调查，有 14% 的美国跨国公司明确打算将部分制造业迁回美国本土，1/3 的受访企业则表示正在考虑为"回流"采取措施。另据调查，美国的苹果、谷歌等科技巨头正在考虑将其产品的生产制造基地从中国等发展中国家转移回美国。另外，相比中国内地，越南、缅甸、柬埔寨这些东南亚国家的劳动力成本更加低廉，水、电、原材料等成本也更便宜。目前来看，中国电子信息制造业中的部分外资企业甚至一些民族企业已经搬迁至越南等东南亚地区，许多国际订单也跟着转移至该地区。

电子信息企业"走出去"步伐不断加快。近年来，中国政府积极鼓励有条件的骨干电子信息企业"走出去"，支持企业在境外设立分支机构、拓宽市场渠道、建立研发中心，与海外科技企业和研发机构开展多层次合作，增强国际竞争力。以电子百强企业为代表的骨干企业"走出去"战略成效显著，多家企业出口和海外经营收入占比超过一半，在全球产业中的地位和影响力日益扩大。

8.1.2.5 系统最优

信息产业定义与范畴一直没有一个统一的结论，但它由硬件、软件和服务、通信设备制造以及通信服务等行业组成是不争的事实。实现信息产业系统最优是最终努力的目标。仅仅对系统中的各个关键环节完全认识是不够的，整个信息产业发展不是各关键环节的简单"拼盘"，而是系统整体涌现的结果。面对庞大的信息产业系统和复杂多变的国内外政治、经济环境，系统考虑、全面规划尤为关键。通过顶层设计，指导各个环节向实现全局最优的方向发展，才能少走弯路，实现总体最优。

实现信息产业系统最优，既包括对技术、知识、资本、信息等生产要素的整合，也包括对经营机制、经营模式、管理体制和政策法规等生产关系的融合。最终实现技术人员与管理人员的有效整合，产学研的有效整合，资本与市场的有效整合，保证资源得到最优配置，实现系统最优发展。

9.1 战略布局合理化

党的十八大以来，习近平总书记多次深入科研院所、企业和高新技术园区，立足国内、放眼全球，以历史视野把握时代脉搏，从多个层面论述了科技对中国发展的决定性意义，并为深入实施创新驱动发展战略谋篇布局。历史的发展证明，国家的创新能力决定国家的综合实力，科技水平的高低决定国家力量的强弱。习近平总书记指出："16 世纪以来，世界发生了多次科技革命，每一次都深刻影响了世界力量格局。从某种意义上说，科技实力决定着世界政治经济力量对比的变化，也决定着各国各民族的前途命运。""当前从全球范围看，科学技术越来越成为推动经济社会发展的主要力量，创新驱动是大势所趋。"放眼全球，世界各国正以前所未有的决心和力度推动科技创新，争取新一轮科技革命中的发展主动权。在 2014 年国际工程科技大会上习近平总书记将信息技术、信息产业作为新经济的主导力量，首次提出了经济发展模式将从以物质生产、物质服务为主向以信息生产、信息服务为主转型的重大命题。习近平总书记强调，"信息技术、生物技术、新能源技术、新材料技术等交叉融合正在引发新一轮科技革命和产业变革。这将给人类社会发展带来新的机遇。任何一个领域的重大工程科技突破，都可能为世界发展注入新的活力，引发新的产业变革和社会变革。""信息技术成为率先渗透到经济社会生活各领域的先导技术，将促进以物质生产、物质服务为主的经济发展模式向以信息生产、信息服务为主的经济发展模式转变，世界正在进入以信息产业为主导的新经济发展时期。"当前，大数据、云计算、3D 打印、新能源、新材料等前沿技术方向都面临着重大突破，将对社会生产方式和生活方式带来革命性变化。中国与发达国家站在同一起跑线上，要抓住和用好这一战略机遇，实现赶超跨越发展。

针对信息产业的特点，实施创新驱动战略应主要从技术是基础，安全是保障，体制是手段，法制是前提等几个方面进行顶层谋划布局。

9.1.1　抢占技术高地

信息技术是实施创新驱动战略的坚实基础。当前信息技术是知识产权、国际标准化和专利化程度最高的领域，而专利是技术创新的成果转化，以专利战略抢占信息技术高地势在必行。

信息技术是知识产权强度最高的领域。2012 年国际 PCT 专利前 50 名企业半数是信息技术领域，前 10 名中 7 名都是通信产品企业，中兴和华为分列第一和第四。在 2012 年中国发明专利授权量前 10 名中，信息领域企业占了 8 位，华为和中兴领衔。2012 年在华获得授权发明专利量居前 10 位的国外企业中也有 8 家属于信息产业。在我国工业类别中专利密集度最高的是通信设备制造业。美国前五位高专利密集度产业为电脑、通信和电子领域。

信息技术是国际标准化程度最高的领域。美国麻省理工学院学者在《经济理论》刊物上发表论文《竞争增长的引擎：创新与标准化》，指出如果只有创新而没有适时的标准化，则创新的成果就很难转化为经济福利和未来创新的制度基础。技术专利化、专利标准化趋势越发明显，企业通过把专利技术嵌入到国际标准中，从而极大提升其专利的价值，知识产权的竞争体现到国际标准的制定中。信息技术是一个标准高度国际化的领域，信息技术领域标准的竞争尤其激烈，中国提出的 WAPI 标准就曾经被列入中国美国高层对话议程就是一例。在 TD-SCDMA 和 TD-LTE 移动通信标准中我国成为主导力量，但在几千项互联网标准中我国主导的不足 2%。

信息技术是国际专利竞争最集中的领域。为了抢占移动互联网和大数据源头和入口，围绕智能终端展开专利收购，谷歌公司以 125 亿美元收购摩托罗拉移动的 1.7 万项专利，微软和苹果等五家公司联合以 45 亿美元收购北电公司 6 千多项专利，两项收购中平均一个专利价值 75 万美元。表面上是两大阵营借专利互相制衡，实际上矛头针对韩国和中国的手机企业，专利诉讼频发。社交网络也是大数据的重要源头，微软和谷歌等大举进入社交网络服务，搜索与社交网络专利竞争激烈。2012 年 4 月微软以 10.56 亿美元收购美国在线（AOL）925 项专利所有权和 300 项专利使用权，不出半月又将其中 650 项专利所有权以半价转让给脸谱网，并互相交叉许可其他专利使用权，帮助脸谱网对抗谷歌和苹果公司。

需要正视我国在知识产权竞争中的差距。改革开放以来我国在信息产业核心技术方面有了显著进步，在国际几大专利机构所申请的发明专利中，中国在信息技术领域的专利相对其他技术领域有了明显进步，特别在移动通信 LTE 的专利方面。尽管如此，截止到 2011 年年底统计的 LTE 国际发明专利申请量中我国仍排在美国、日本、韩国之后，与发达国家相比差距仍然很大。国产桌面 PC 和手机的操作系统几乎还是空白，芯片加工技术还落后两代，中国集成电路市场占全球一半，与巨大的市场需求形成强烈反差的是中国自行设计生产的集成电路产品只能满足市场需求的20%，2012 年我国进口集成电路 1920 亿美元，仅次于原油。我国是移动通信手机最大生产国，但国产 CDMA 和 WCDMA 及 LTE 的手机受美国高通公司专利制约，索要的专利使用费高达手机销售收入的 5%。在其他技术领域我国专利差距更为严峻。《华尔街日报》2011 年 7 月 28 日以"中国创新是纸老虎"为题发表的署名文写道："2010 年，中国人口总数占世界的 20%，GDP 占全球总量的 9%，研发支出占全球的 12%，但向中国境外的任何一家重要专利受理机构提交的专利申请或被其授予的专利权只占世界的 1%。此外，中国原创专利中有一半是授予外资跨国公司在华的子公司。"《华尔街日报》这一盛气凌人的口吻值得我们反思。2011 年我国高专利密集度产业平均发明专利密集度为 29.95 件/万名就业人员，仅为美国同类产业平均密集度的 1/24。我国高专利密集度产业的研发经费投入强度为 1.01%，与美国 2.79%、日本 3.33%、德国 2.78% 的工业整体水平相比仍有不小的差距。建议优化财政性研发经费投入结构，引导创新资源向符合国家战略需求的高专利密集度产业集聚，促进专利由数量速度型向质量效益型转变。

9.1.2 强化网络安全

网络安全是实施创新驱动战略的有力保障。习近平总书记在中央网络安全和信息化领导小组宣告成立大会上指出，"没有网络安全，就没有国家安全；没有信息化，就没有现代化"。网络安全是实施创新驱动发展战略、国家全面深化改革、加强顶层设计的保障。

信息技术是双刃剑。信息技术的应用越深入，社会经济和人们生活对信息技术的依赖越多，信息技术产品的可靠性和可信性带来的安全问题影响就越严重。黑客利用软件设计的漏洞植入病毒和木马，盗取有用信息或谋取经济利益。目前针对智能手机有 3000 多种病毒和 5 万多种恶意应用软件，而移动智能终端因功耗限制无法像 PC 那样内置功能完善的防病毒软件。云计算和大数据中心会成为集中攻击的对象。2013 年 1～8 月统计，境外约有 1.8 万个木马或僵尸网络服务器控制了我国境内约 814 万台主机。信息技术被用来作为国家间政治、经济与军事竞争的手段，斯诺登事件就是一例。一些国家刻意准备网络战，目的是破坏对方的信息系统进而摧毁能源、交通等基础设施，著名的案例是 2010 年 9 月伊朗的铀燃料浓缩设施被"震网"病毒攻击而瘫痪。

从国家战略高度认识网络安全。美国在 2011 年 5 月发布《Cyber 空间国际战略》，声称如其网络受到侵犯将视为对它领土的攻击，美国将保留使用一切必要手段打击网络威胁的权力，包括外交、信息技术、军事和经济。我国也需要制定有关网络安全的国家战略，从核心技术研发和管理协调等全方位提升网络安全防御能力。

加强网络治理，保障信息安全。互联网作为一种信息传播工具，是宣传社会主义文化的阵地，也是不法分子或居心叵测的人散布谣言煽动事端或欺诈的角落，要严厉打击网络犯罪，同时还要加强引导和治理，净化网络空间，维护网络秩序，保护网民和企业的利益。

重视网络和信息安全产业的发展。我们不可能等待安全再推广信息化，没有永恒的安全，总是魔高一尺道高一丈，安全问题需要依靠发展来解决，要加大对网络与信息安全技术的研发和产业发展的支持力度。网络与信息安全产业占软件和信息服务业的比重在欧美国家达到 8%～12%，中国目前仅占 1.5%。中国信息安全产业整体相对弱小，关键产品和服务依赖进口，高端信息安全人才缺乏。对信息安全产业也需要提升到国家战略高度来认识，加大扶持力度，力争实现《信息安全产业"十二五"发展规划》的目标，即到 2015 年产业规模突破 670 亿元。

9.1.3 突破体制障碍

突破体制障碍是实施创新驱动战略的必要手段。目前信息产业的发展受频谱限制，面临着资源配置、信息共享等严重问题，需要进一步完善现有的体制机制，加强统筹和规划。

中国信息产业的发展面临频谱资源的限制。中国城市人口密集，宽带移动通信频谱不足的矛盾十分突出。发达国家把广播电视模数转换后腾出的 700MHz 部分频段经拍卖重新分配给移动通信，但中国规划完成广播电视数字化的时间表拖得很长。另外监管体制的改革没有跟上，通信与广电两部门的协调也非易事，三网融合的推进过程就是例子。习近平总书记指出，"政府在关系国计民生和产业命脉的领域要积极作为，加强支持和协调"，这一指示对于信息化的推进有十分重要的意义。

发挥政府在引导市场配置资源中的作用。核心信息技术的创新仅靠研发是不能完成的，英特尔的 CPU 和微软的 Windows 是靠广大使用者在使用中发现问题而改进完善的。欧盟为了支持他们先后提出的 GSM 和 WCDMA 移动通信标准，在产品开发尚未完成之时，就通过划定频谱方式要求全欧的电信运营商采用这一指定的标准。中国的市场虽不能换来国外的核心技术，但市场对于中国自主研发的信息技术是至关重要的。在积极创造知识产权的同时，要用好市场资源，为国产产品的技术完善提供土壤，对于掌控国内市场的国有大企业集团，应该赋予他们有支持国产产业链的社会责任。真正做到如习近平总书记所说的："关键是要处理好政府和市场的关系，通过深化改革，进一步打通科技和经济社会发展之间的通道，让市场真正成为配置创新资源的力量，让企业真正成为技术创新的主体。"

推进信息共享。中国人口居世界首位，但 2010 年中国新存储的数据仅为日本的 60% 和北美的 7%。我国一些部门和机构拥有大数据但封闭割据，共享难导致信息不完整或重复投资。政府带头信息公开是推进信息共享的重要举措。美国联邦政府建立统一数据开放门户网站 Data. Gov，开放政府拥有的公共数据，已开放原始数据 3721 项、地理数据 386 429 项，还汇集了 1570 个数据可视化应用，增加了政府工作的透明性，便于市民的监督，公布的数据也给社会带了很多商业机会。

加强信息化的统筹领导。体制机制的创新需要组织上保证，为了解决信息化的统筹领导与管理问题，有必要强化国家信息化领导机构的权威性。

9.1.4　完善法制环境

完善法制环境是实施创新驱动战略的前提条件。我国的互联网立法存在及时性不够、系统性不强、法律位阶较低等问题，特别是随着网络新技术新业务快速发展，相关法律问题不断涌现，需要结合互联网发展最新态势，构建互联网法律体系。

网络立法面临挑战。互联网是现实社会的映射，适用传统的法律体系与法律关系，但它的出现也在部分环节和部分领域改变了传统法律关系要素的内容。互联网犯罪成本低而惩治成本高，出现了很多基于互联网的新的犯罪行为，Cyber 空间扩大了国家安全的维度，互联网的虚拟性使主体的真实性识别发生困难，互联网上虚拟货币等新的财产形态难以认定，互联网多点接入的跨界性对行政属地管理原则形成挑战。

我国网络立法存在的问题。尽管在过去十多年中，我国已经相继出台各类与网络相关法律、法规、规章 200 多部，但与发达国家和一些发展中国家相比，我国在信息化方面的立法仍明显滞后，不适应互联网发展的需要。我国网络立法的效力层次较低，部门规定多难免带有部门利益的色彩，着力管制多，关注发展少，对个人权利保护考虑不足，甚至上位法规定的权利被下位法剥夺的情况在中国互联网的管理中时有出现，本意要打击负能量，结果却抑制了正能量的释放。

尽快补足我国网络立法的短板。美国国会及政府各部门通过与网络相关的法律法规数量高居世界之首，主要涉及未成年人保护、国家安全、保护知识产权、计算机与网络安全等四大领域，在 9·11 事件之后，美国加强了信息安全的立法，先后推出了联邦通信法、联邦监听法、对外情报监视法、执法通信辅助法、爱国者法、国土安全法、互联网情报分享与保护法和信息安全与互联网自由法等，既明确网络安全的要求，又为信息监管提供法律保障。我国的基础设施基本上都有一部行业基本法，如邮政法、铁路法、公路法、民航法、电力法等，但缺电信法和广电法，当前尤为需要网络与信息安全法和个人信息保护法。

需要为信息安全和隐私保护立法。大数据挖掘需要有法可依，提倡数据共享又要防止数据被滥用，要区别个人数据与隐私，前者强调归属于本人的可识别性，后者强调与公共事务无关的私密性，要在保护隐私的前提下鼓励对用户数据的挖掘。信息安全的监管也需要有法律来界定，明确规定信息监管的适用对象，把监管纳入法制轨道，既要打击网络犯罪，又要保障公民的言论自由。要塑造一个良性有机的立法环境，在立法层面需要考虑如何让社会各类主体参与到网络社会的管理和建设之中。

全球的互联网正在掀起新一轮的创新和变革的浪潮，移动互联网、智能终端、大数据、云计算、物联网等技术研发和产业化都取得了重大突破。信息通信业垂直整合和跨界融合的趋势发展更加明显，特别是信息通信技术与产业技术融合创新，以前所未有的广度和深度推动了生产方式、发展模式的深刻变化，随着信息化应用的深入还将引发其他行业的变革。对于正在转变经济发展方式的中国来说既是难得的机遇也是严峻的挑战。我们需要正视我国在核心信息技术和产业以及信息化应用方面的差距，从创新链、产业链、资金链以及推进体制改革和完善法制环境等方面集中力量抢占制高点。

为实现这一目标，我们要深入学习和领会习近平总书记的讲话精神，"新一轮科技革命和产业变革正在孕育兴起，一些重要科学问题和关键核心技术已经呈现出革命性突破的先兆，带动了关键技术交叉融合、群体跃进，变革突破的能量正在不断积累。即将出现的新一轮科技革命和产业变革与我国加快转变经济发展方式形成历史性交汇，为我们实施创新驱动发展战略提供了难得的重大机遇。机会稍纵即逝，抓住了就是机遇，抓不住就是挑战"、"实施创新驱动发展战略是一项系统工程，涉及方方面面的工作，需要做的事情很多。最为紧迫的是要进一步解放思想，加快科技体制改革步伐，破除一切束缚创新驱动发展的观念和体制机制障碍"。我们要抓住第三次科技革命的历史契机，提升自身的自主创新能力，推进我国的电子信息产业持续健康发展。

参 考 文 献

方言. 2013. 美国"星风"计划全揭秘"棱镜"和它的"兄弟"们. 中国信息安全, 7: 61-65.

顾大伟, 郭建兵, 黄伟. 2010. 数据中心建设与管理指南. 北京: 电子工业出版社.

杰里米·里夫金. 2012. 第三次工业革命. 张体伟, 孙豫宁译. 北京: 中信出版社.

马建. 2011. 物联网技术概论. 北京: 机械工业出版社.

齐爱民, 盘佳. 2015. 数据权、数据主权的确立与大数据保护的基本原则. 苏州大学学报(哲学社会科学版), 1: 64-70.

沈逸. 2013. 美国国家网络安全战略的演进及实践. 美国研究, 3: 30-50.

王露. 2015. 大数据领导干部读本. 北京: 人民出版社.

维克托·迈尔-舍恩伯格. 2012. 大数据时代: 生活、工作与思维的大变革. 盛扬燕, 周涛译. 杭州: 浙江人民出版社.

乌尔里希·森德勒. 2014. 工业4.0. 邓敏, 李现民译. 北京: 机械工业出版社.

赵宇新. 2015. 数据时代: 为什么80%以上数据中心被闲置? 互联网周刊, (1): 22-23.

结　束　语

　　本书运用系统思维，围绕中国大数据发展，力图构建涵盖数据基础、数据理论、数据技术、数据工程、数据产业、数据管理、数据环境、数据安全、数据主权的中国数据发展系统框架，提出发展思路并通过水资源领域数据应用实践对数据产业化进行实例验证。

　　数据作为新的战略资源使世界各国在很大程度上回到同一起跑线。不同于基础软件行业处于追逐国际主流趋势，中国数据产业在国际竞争中已崭露头角，未来存在更大的发展空间和发展机遇。我们必须抓住数据带来的新机遇，加强顶层设计和统筹谋划，从不同层级、不同领域、不同地域等方面实现数据的协同发展，形成数据发展合力，在全球新一轮科技革命和产业变革中牢牢掌握战略主动权。